Geophysikalische Einzelschriften

Herausgeber: Prof. Dr. Paul Raethjen

Direktor des Geophysikalischen Instituts der Universität Hamburg

Heft 1

Kurzer Abriß der

Meteorologie

dynamisch gesehen

TEIL II

Wärmehaushalt der Atmosphäre

von

Paul Raethjen

Hamburg 1950

Selbstverlag des Herausgebers

(mit Einverständnis der Wolfenbütteler Verlagsanstalt)

Der vorliegende Teil II ist die unmittelbare Fortsetzung des bei der Wolfenbütteler Verlagsanstalt 1947 (im Buchhandel) erschienenen Teil I. Der noch ausstehende Teil III (Zirkulationen der Atmosphäre) wird voraussichtlich ebenfalls in den Geophysikalischen Einzelschriften erscheinen. Seitenzahlen und sonstige Numerierungen sind fortlaufend durch alle 3 Teile.

Einführung

Goethe stellt an den Anfang seiner Farbenlehre die „Worte eines alten Mystikers“:

> *Wär' nicht das Auge sonnenhaft,*
> *Wie könnten wir das Licht erblicken?*
> *Lebt nicht in uns des Gottes eigne Kraft,*
> *Wie könnt uns Göttliches entzücken?*

Nicht nur das Auge ist sonnenhaft, sondern alles Leben auf unsere Erde, auch die Atmosphäre mit ihren „wetterwendischen“ Launen. *Ohne* die Sonnenbestrahlung wäre sie tot und einförmig; so bliebe uns vielleicht manche Enttäuschung erspart, aber auch der Reiz des täglichen Wechsels vorenthalten. Wir Erdenkinder sind so oder so der Sonne verhaftet; wenn wir blind wären, würden wir doch das Wetter fühlen, Wind und Regen, Kälte und Wärme. Der tägliche Wechsel des Wetters ist gelegentlich als Ursache dafür genannt worden, daß die menschliche Kultur in den gemäßigten Breiten besser gedeiht als in den tropischen. Sei es wie es sei; die Sonne ist der Ursprung des Lebens; auch das Wetter ist eine Wirkung der Sonnenbestrahlung.

Diese Wirkung erscheint aber sehr kompliziert und undurchsichtig. Die Sonne „macht“ nicht unser Wetter. Sie bestimmt nicht das tägliche Wetterprogramm, sondern schickt ihre Strahlen Tag für Tag mit praktisch konstanter Intensität zur Erde (von kaum spürbaren Schwankungen abgesehen). Erst in der Erdatmosphäre werden diese wärmenden Boten verschieden aufgenommen; erst hier entsteht das „Wetter“ infolge einer mehr oder weniger instabilen Konstitution der Atmosphäre. Hier schwingt und brandet und wirbelt der atmosphärische Ozean mit dauernd wechselnden Zirkulationen. Die Sonnenstrahlung sorgt dafür, daß die Energie diesem wilden Schauspiel nicht mangelt.

Unsere Aufgabe ist es nun, dieses Schauspiel genauer zu betrachten, den Vorgang physikalisch zu ergründen. Die *Energiefrage* spielt dabei eine große Rolle. Unsere Untersuchung beginnt daher mit dem Wärmehaushalt: Die Wärmeeinnahme durch *Sonnenbestrahlung* und die Wärmeausgabe durch *Ausstrahlung in den Weltenraum,* ihre Unterschiede zwischen Pol und Äquator, zwischen Sommer und Winter, Tag und Nacht werden uns zuerst beschäftigen. Weiterhin werden wir sehen, wie daraus *Zirkulationen* entstehen, große, die ganze Erde umspannende Zirkulationssysteme, mittelgroße, an Erdteile geknüpfte und kleine mitschwimmende oder örtlich gebundene Systeme. Erst diese *Aufgliederung* der „allgemeinen Zirkulation" in *mehrere* Systeme macht das grandiose Schauspiel physikalisch verständlich. Alle Systeme greifen ineinander wie das Räderwerk einer großen Maschine und *alle* erhalten ihre Energie von der Sonne. *Ohne* den Wärmehaushalt wäre die „allgemeine Zirkulation" *nicht* zu verstehen und, wenn man nicht die Gesamtheit *aller* Zirkulationen betrachten würde, könnte man die Wettererscheinungen der gemäßigten Breiten nur ohne kausale Erkenntnis hinnehmen.

Die *physikalische* Betrachtung des Wärmehaushalts und der Zirkulationssysteme hat daher auch praktische Bedeutung für die Wettervorhersage, jedenfalls für *langfristige* Prognosen, die weiter als 24 Stunden vorausschauen. Während bei *kurzfristigen* Vorhersagen meist die *Erhaltung* gewisser Wettergebilde („Steuerungszentren", „Luftmassen", „Zyklonen", „Fronten") vorausgesetzt wird, beachtet die *Langfristenprognose* ihre *Umgestaltung;* diese kann nur im Zusammenhang mit den großen Zirkulationssystemen richtig verstanden werden.

Bemerkung zu den Haushalttabellen 5, 9, 10 und 11: Die Zahlenwerte sind *abgerundet* angegeben, um keine große Genauigkeit vorzutäuschen, aber dennoch eine Stelle genauer berechnet, um Fehler der Zwischenrechnung tunlichst zu vermeiden. Dies ist beim Nachrechnen zu beachten.

Inhaltsverzeichnis.

VIII. Einstrahlung von der Sonne.

22. Extraterrestrische Sonnenstrahlung.

Strahlungsenergie. Die wärmende Wirkung der Sonnenstrahlen ist ein Beweis für ihre *Energie* übertragende Eigenschaft. Durch die Strahlung geht Energie von der Sonne auf die Erde über. Überall, wo diese Strahlung „absorbiert“ wird, entsteht *Wärme* aus der *Strahlungsenergie;* die *elektromagnetische* Energie der Strahlung wird dabei in *Bewegungsenergie* der Moleküle umgewandelt [51, § 1].

Man mißt daher die Sonnenstrahlung, indem man feststellt, wieviel Wärme [cal] sie in einem solchen Körper erzeugt, welcher die gesamte Strahlung absorbiert. Diese Absorption leistet z. B. (näherungsweise) ein rußgeschwärztes Blech von 1 cm^2 Größe: Wir lassen die Sonnenstrahlung eine Minute lang senkrecht darauf fallen; die absorbierte Strahlungsenergie zeigt sich dann in einer Temperaturerhöhung des Blechs. Wenn dieses Blech während dieser Minute keine Wärme abgibt (durch Leitung usw.), ist die durch Strahlung erzeugte Wärme gleich der „Wärmekapazität“ des Blechs, multipliziert mit seiner Temperaturerhöhung [51, § 3].

Diese Wärme gibt also die durch Strahlung übertragene Energie an; wir nennen sie kurz *„Strahlungsenergie“*. Ihre gebräuchliche Maßeinheit ist Grammkalorien pro cm^2 und Minute [$cal \cdot cm^{-2} \cdot min^{-1}$], d. h. die Kalorien, welche pro Minute auf eine senkrecht zum Sonnenstrahl orientierte cm^2-Fläche (oder durch diese Fläche hindurch) fallen [51, § 1].

Solarkonstante. Wir denken uns eine solche Absorptionsfläche am Außenrand der Atmosphäre (in etwa 30 km Höhe) stets senkrecht zum Sonnenstrahl orientiert. Dort empfängt diese Fläche tagaus tagein, winters und sommers (pro cm^2 und Minute) die Strahlungsenergie

$$So = 1{,}94 \left[\frac{\text{cal}}{\text{cm}^2 \cdot \text{min}}\right], \qquad (127)$$

„Solarkonstante“ genannt. Diese Solarkonstante ist allerdings im Januar ein wenig größer (2,01) als im Juli (1,87); auch sonstige kleine Schwankungen sind teils beobachtet, teils vermutet worden. Natürlich kann man die Solarkonstante nicht direkt messen; aber man errechnet sie aus zahlreichen Sonnenstrahlungsmessungen, die auf hohen Bergen (unter verschiedenen Breiten zu allen Tages- und Jahreszeiten) durchgeführt sind [51, § 10a], [53].

Satz 41: Am Außenrand der Atmosphäre (in etwa 30 km Höhe) fällt die Sonnenstrahlung mit rund 2 [$cal \cdot cm^{-2} \cdot min^{-1}$] ein (Solarkonstante).

Energiespektrum. Wenn man den Sonnenstrahl durch ein Glasprisma fallen läßt, so entsteht dabei das bekannte *Spektrum der Regenbogenfarben.* Hieran erkennt man, daß die Sonnenstrahlung nicht einheitlich ist, sondern verschiedene Wellenlängen (Farben) enthält. Dasselbe Spektrum ergibt sich, wenn man statt des Prismas ein „Beugungsgitter“ verwendet. Man kann dann mittels der Wärmewirkung feststellen, daß an beiden Enden des sichtbaren Regenbogenspektrums noch unsichtbare Strahlen auftreten, „ultrarote“ jenseits des roten und „ultraviolette“ jenseits des violetten Endes. Die gesamte (meßbare) Strahlungsenergie der Sonnenstrahlung verteilt sich auf Wellenlängen zwischen $0{,}2\,\mu$ und $3\,\mu$ (die übliche Maßeinheit der Wellenlängen ist $1\,\mu = 10^{-4}$ cm); sichtbar sind davon nur die Wellenlängen zwischen $0{,}4\,\mu$ und $0{,}8\,\mu$.

Bild 36 zeigt die *Energieverteilung* in graphischer Darstellung über der Wellenlänge λ; die gestrichelte Kurve umrandet das Energiespektrum der *Solarkonstante*, die ausgezogene die Strahlungsenergie, welche im Meeres-

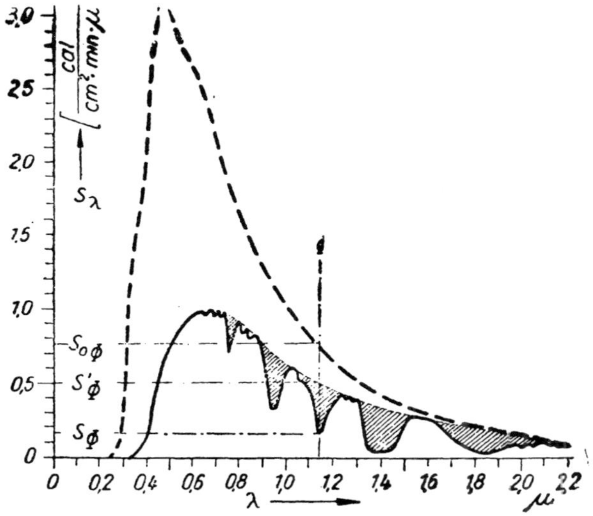

Bild 36 Sonnenspektrum.

Ordinate S_λ: Spektrale Intensität [cal cm^{-2} min$^{-1}/\mu$].
Abszisse λ: Wellenlänge in μ.
Ausgezogen: Extraterrestrisches Spektrum.
Gestrichelt: Spektrum im Meeresniveau bei einem Sonnenstand 15° über dem Horizont ($\zeta = 75°$).
Schraffiert: Absorptionsbanden

Φ	Absorptionsbande	
$S_0\Phi$	Extraterrestrische Intensität	bei $\lambda = 1{,}14\,\mu$
$S\Phi$	Intensität im Meeresniveau	und $\zeta = 75°$
$S'\Phi$	Intensität im Meeresniveau, wenn nichts absorbiert wird	

niveau eintrifft, wenn die Sonne 15° über dem Horizont steht. Die Ordinatenwerte, welche links in der Ordinatenskala abzulesen sind, geben die „spektrale Intensität“ an, d. h. die Strahlungsenergie eines sehr schmalen Wellenlängenbereichs $d\lambda$, z. B. $d\lambda = 0{,}05\,\mu$; beispielsweise ist diese Energie im Bild 38a durch ein schraffiertes, aufrecht stehendes Rechteck dargestellt. Als Maß der „Intensität“ gilt die Strahlungsenergie in Kalorien pro cm² und Minute, dividiert durch das Intervall $d\lambda$, zu welchem diese Energie gehört. Da wir λ in der Einheit μ rechnen, ist also die *Intensitätseinheit:* [cal · cm^{-2} · min$^{-1}/\mu$] [51, § 1]. Die spektrale

Strahlungsintensität ist gleich der Strahlungsenergie im Wellenlängenintervall 1 μ. Diese Definition werden wir bei *allen* Strahlungsarten gebrauchen.

Anmerkung: Wenn man das Energiespektrum nicht über der Wellenlänge λ, sondern über der Frequenz ν aufträgt, ergibt sich ein *anderer* (spektraler) Intensitätsbegriff. Deshalb hat R. Schulze [76] vorgeschlagen, alle Energiespektren grundsätzlich über einer *logarithmisch* geteilten Abszisse (ln λ oder ln ν) zu zeichnen. Diesem Vorschlag können wir nur zustimmen und bleiben nur deswegen bei der bislang üblichen Darstellung (über λ), weil in diesem Abriß die *spektralen* Betrachtungen *nicht* in den Vordergrund kommen.

Extraterrestrische Bestrahlung. Obwohl die Solarkonstante sich (praktisch) nicht ändert, ist die Bestrahlung eines (mit der Erde rotierenden) horizontalen Quadratzentimeters auch am Außenrand der Atmosphäre dem täglichen und jährlichen Wechsel unterworfen. Der *tägliche* Gang entsteht dadurch, daß die Erde um ihre eigene Achse rotiert, der *jährliche* durch ihren im Bild 37 dargestellten Umlauf um die Sonne. Bild 37a zeigt

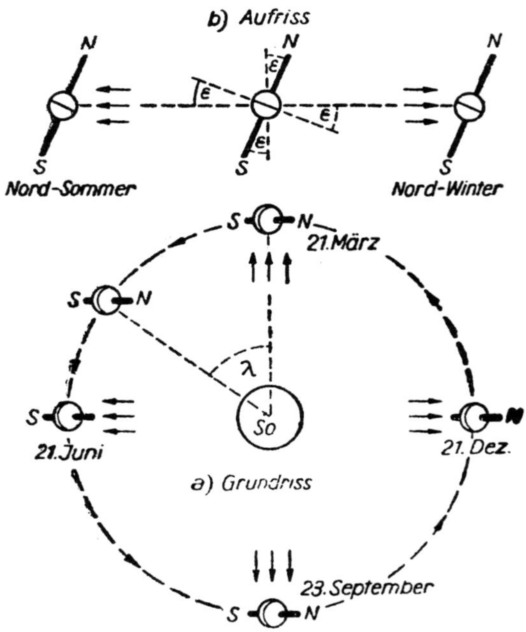

Bild 37
Jahreszeitlicher Wechsel der Sonnenbestrahlung.

a) Grundriß (in der Ekliptikebene): So (im Zentrum): Sonne
Gestrichelter Kreis: Umlaufbahn der Erde
λ „wahre Länge" der Sonne

b) Aufriß (senkrecht zur Ekliptikebene durch die Solstitienpunkte):
N Nordende } der verlängerten
S Südende } Erdachse
ε Schiefe der Ekliptik (23° 27').

die Umlaufbahn (gestrichelt) in der „Ekliptikebene" und Bild 37b die unveränderliche Richtung der Erdachse (N S) zu der Ekliptikebene; die Äquatorebene der Erde schließt mit der Ekliptikebene den praktisch konstanten Winkel $\varepsilon = 23{,}4^0$ ein, welcher „Schiefe der Ekliptik" genannt wird. Infolge dieser „Schiefe" ändert sich die Sonnenbestrahlung der Erde im Laufe des Jahres: Während der *einen* Jahreshälfte (im Nord-Sommer) erhält die *Nordhalbkugel* mehr Strahlung als die Südhalbkugel, während der *anderen* Hälfte (im Nord-Winter) die *Südhalbkugel* mehr als die Nordhalbkugel.

Der *Nordsommer* (Südwinter) währt vom 21. März bis 23. September, der *Nordwinter* (Südsommer) vom 23. September bis 21. März. Daß diese beiden Halbjahre nicht genau gleich lang sind, findet seinen Grund darin, daß die Erde im Nordwinter (Südsommer) einen geringeren Abstand von der Sonne hat als im Nordsommer (Südwinter). Dennoch ist die Strahlungsenergie, welche die Nordhalbkugel im Nordsommer empfängt, gleich derjenigen, welche die Südhalbkugel im Südsommer erhält. Der geringere Sonnenabstand bewirkt nämlich eine größere Solarkonstante.

Tagessummen Die geometrischen Verhältnisse der „extraterrestrischen" Sonnenbestrahlung sind durch astronomische Beobachtungen genau bekannt. Daher kann man die am Außenrand der Atmosphäre auf das horizontale cm^2 einfallende Strahlungsenergie genau berechnen, sofern man (im Einklang mit der Astrophysik) voraussetzt, daß die Sonne selbst eine praktisch konstante Strahlungsquelle ist. Die Rechnung ist von Milankovitch [54] durchgeführt worden; insbesondere hat er für jeden Tag im Jahr und jede geographische Breite die „Tagessumme" berechnet. Diese wird nachfolgend auszugsweise wiedergegeben:

Zahlentafel 3 Tagessummen der extraterrestrischen Sonnenbestrahlung in Grammkalorien pro horizontalem Quadratzentimeter.

	Breite	21 März	21. Juni	23. Sept	21. Dez.
Nordhalbkugel	80°	155	1060	153	0
	60°	447	979	442	50
	40°	686	991	677	318
	20°	841	935	832	605
	0°	896	790	885	843
Südhalbkugel	20°	841	567	832	999
	40°	686	297	677	1060
	60°	447	47	442	1046
	80°	155	0	153	1132

Die Werte dieser Zahlentafel stimmen insofern mit Bild 37 überein, als die „Äquinoktien" (21. März bzw. 23. September) auf der Nord- wie Südhalbkugel *dieselbe* Bestrahlung haben; an diesen Tagen steht nämlich die Erdachse senkrecht auf dem Sonnenstrahl. Am stärksten unterscheiden sich die beiden Halbkugeln zu den „Solstitien" (21. Juni und 21. Dezember), weil der Sonnenstrahl an diesen Tagen die stärkste Neigung gegen die Erdäquatorebene besitzt, nämlich den Neigungswinkel ε (Bild 37b). Zahlentafel 3 zeigt, daß dann die Tagessumme der Sonnenstrahlung am *Sommerpol größer* ist als in irgend einer anderen Breite, am *Winterpol* aber *verschwindet* (Polarnacht).

Halbjahressummen. Wenn man für jeden Tag im Jahr die Tagessumme kennt, ist die Halbjahrssumme (für Sommer- und Winterhalbjahr) durch Addition zu errechnen. Dabei ergeben sich, wie bereits oben bemerkt, *dieselben Summen für die Nord- und Südhalbkugel;* zwar hat der Nord-Sommer kleinere Tagessummen als der Südsommer (Zahlentafel 3), aber dafür hat er mehr Tage. Dasselbe gilt für den Süd-Winter und Nord-Winter. Daher kann man im *Halbjahreshaushalt* so rechnen, als ob das Winterhalbjahr ebenso lang ist wie das Sommerhalbjahr, wenn man voraussetzt, daß die Solarkonstante im ganzen Jahr konstant bleibt. Wir werden daher in der „planetarischen" Haushaltsrechnung *nicht* zwischen Nord- und Südhalbkugel unterscheiden, sondern nur zwischen Sommer- und Winterhalbkugel. Wir teilen die Halbkugel in 4 Breitenzonen und rechnen so, als ob die mittleren Zonenwerte aller Strahlungsgrößen im Sommerhalbjahr der Südhalbkugel (Oktober bis März) ebenso groß sind wie im Sommerhalbjahr der Nordhalbkugel (April bis September), desgleichen im Winterhalbjahr. Diese Sonnenstrahlungswerte, insbesondere auch die „extraterrestrische" Halbjahrs-Bestrahlung Q findet man Seite 116 in Zahlentafel 5.

Satz 42: Nord- und Südhalbkugel sind betreffs der extraterrestrischen Bestrahlung gleichberechtigt, der Nordsommer erhält ebensoviel Sonnenstrahlung wie der Südsommer, desgleichen der Winter.

23. Atmosphärische Verluste und Umwandlungen.

Extinktion. Bild 36 (S. 107) läßt erkennen, daß nur ein Teil der Solarkonstanten-Energie bis zum Meeresniveau durchdringt. Die gesamte Energie, welche im Bild 36 durch die Fläche zwischen der ausgezogenen und der gestrichelten Kurve dargestellt wird (einschließlich der schraffierten Teile), geht in der (wolkenlosen) Atmosphäre verloren, ein Energieverlust, welcher „Extinktion" genannt wird. Die Extinktion ist natürlich bei tiefem Sonnenstand größer als bei hohem und außerdem abhängig von der „Trübung", d. h. von den in der Atmosphäre schwebenden Partikelchen (Dunsttröpfchen, Staubteilchen usw.).

Zerstreuung. Wenn man im Bild 36 nur den weißen (nicht schraffierten) Teil der (zwischen den Kurven gelegenen) *Extinktionsfläche* betrachtet, so fällt darin eine deutliche Gesetzmäßigkeit auf: Die kurzen Wellen erleiden wesentlich stärkere Verluste als die langen Wellen; die spektrale Strahlungsintensität kurzer Wellen wird in der Atmosphäre stärker geschwächt als diejenige langer Wellen.

An der lichtblauen Farbe des Himmels sehen wir, wo dieser Strahlungsverlust bleibt: Vorwiegend die kurzen (blauen) Wellen des Sonnenspektrums werden in der Atmosphäre stark zerstreut; vorwiegend im blauen Wellenbereich wird aus der parallel gerichteten Sonnenstrahlung (durch Zerstreuung) eine diffuse Strahlung, die sich nach allen Seiten ausbreitet. Etwa die Hälfte dieser diffus gewordenen Sonnenstrahlung fällt in den Weltraum zurück, die andere Hälfte ist zum Erdboden gerichtet; diese letztere macht uns (bei Tage) den Eindruck, als ob alle Teilchen der Atmosphäre ein blaues Licht („Himmelslicht") aussenden; blau deswegen, weil die kurzen Wellen darin stärker vertreten sind als die langen.

Wenn man die *Energie* der Himmelsstrahlung (pro horizontalem cm^2 und Minute) in $^0/_0$ der extraterrestrischen Strahlungsenergie Q (Zahlentafel 3) ausdrückt, so findet man, daß sie ungefähr halb so groß ist wie derjenige Teil der atmosphärischen Strahlungsverluste, welcher im Bild 36 (zwischen den Kurven) als weiße (nicht schraffierte) Fläche erscheint. Hieraus darf man schließen, daß der letztgenannte Teil des Strahlungsverlustes (weiße Verlustfläche) auf einer Zerstreuung beruht. Theoretische Untersuchungen ergeben, daß einerseits die Luftmoleküle, andererseits schwebende Partikelchen die Zerstreuung bewirken. Dabei sind kurze Wellen um so mehr bevorzugt, je kleiner die zerstreuenden Teilchen sind; ein ungetrübter Himmel erscheint tiefblau, weil nur die Moleküle Zerstreuung bewirken; ein dunstiger spielt mehr ins Weißliche, weil die zerstreuenden Dunsttröpfchen (bzw. Partikelchen) wesentlich größer sind als Moleküle [51, § 10b].

Absorption. Auch die schraffierten Flächen im Bild 36 bedeuten atmosphärische Strahlungsverluste, aber keine Zerstreuung, sondern Absorption. Aus Laboratoriums-Experimenten ist nämlich bekannt, daß Gase „selektiv" (d. h. nur in bestimmten ausgewählten Wellenlängen) absorbieren. Die schraffierten Flächen des Bildes 36 liegen jeweils bei solchen Wellenlängen, welche als „Absorptionsbanden" des Wasserdampfes bekannt sind (außer einer Sauerstoffbande bei 0,76 μ). Daraus ist also zu schließen, daß derjenige Teil der Strahlungsverluste, welcher im Bild 36 schraffiert ist, auf *Absorption im atmosphärischen Wasserdampf* beruht; dieser Teil der Strahlungsenergie wird in der Atmosphäre unmittelbar in molekulare Bewegungsenergie verwandelt.

Sicherlich wird in diesen Absorptionsbanden auch ein Teil derjenigen Energie absorbiert, welcher im Bild 36 zur weißen (nicht schraffierten) Extinktionsfläche gehört, und zwar beinahe die Hälfte davon, soweit es sich um absorbierte Wellenlängen handelt. Bei tiefem Sonnenstand (im Bild 36 15° über dem Horizont), müssen die schraffierten Flächen um etwa 30% vermehrt werden, damit sie die ganze absorbierte Energie darstellen, bei höheren Sonnenständen dagegen nur etwa 10 bis 20%. Eine genaue Feststellung der insgesamt in der Atmosphäre absorbierten Sonnenstrahlungsenergie ist deswegen nicht möglich, weil auch eine nicht selektive („graue") Absorption in Staubteilchen, Tröpfchen usw. stattfindet.

Zahlenwerte der Absorption sind von Fowle [55] durch zahlreiche Aufnahmen des Sonnenspektrums festgelegt worden. Da vorwiegend der Wasserdampf absorbiert, hängt die Absorption näherungsweise nur vom durchstrahlten Wasserdampf ab, d. h. von der Wasserdampfmasse w', welche in einer den Sonnenstrahl einschließenden (schrägen) Luftsäule von 1 cm² Querschnitt enthalten ist:

Zahlentafel 4 Durchstrahlte Wasserdampfmenge w' und absorbierter Prozentsatz A_L der extraterrestrischen Sonnenstrahlung.

w'	0,3	0,5	1,0	2,0	4,0	8,0	16,0	$\left[\frac{gr}{cm^2}\right]$
A_L	8	9	11	13	15	17	19	%

Hier ist w' abhängig vom Wasserdampfgehalt w der Atmosphäre (w in vertikaler Säule gerechnet) und von dem Winkel ζ, welchen der Sonnenstrahl mit der Vertikalen einschließt („Zenitwinkel ζ" genannt); nahezu:

$$w' = \frac{w}{\cos \zeta}. \tag{128}$$

Mit Gl. (128) und Zahlentafel 4 kann man also den absorbierten Teil der Sonnenstrahlung näherungsweise berechnen. Den Wasserdampfgehalt w der Atmosphäre kann man dabei aus einem aeorologischen „Temp"-Aufstieg (Bild 3, S. 13) entnehmen.

Eine große Ungenauigkeit von w' bewirkt nach Zahlentafel 4 nur geringe Fehler von A_L. Deshalb benötigt man zur (angenäherten) Absorptionsbestimmung keine aerologische Feuchtemessung; es genügt, überall 70% relative Feuchte vorauszusetzen. Auch auf die aerologische Temperaturmessung kann man notfalls verzichten, indem man Normwerte des Wasserdampfgehalts w verwendet [51, § 10b].

Satz 43: Die „Extinktion" (Schwächung) der Sonnenstrahlen in der (wolkenlosen) Atmosphäre beruht zum größeren Teil auf Zerstreuung an Luftmolekülen und Partikelchen, zum kleineren Teil auf Absorption (vorwiegend im Wasserdampf).

Haushaltgleichung der wolkenfreien Atmosphäre. Im Strahlungshaushalt rechnet man am besten alle Komponenten der Sonnenstrahlung in Prozent der extraterrestrischen Bestrahlung. Bei wolkenlosem Himmel gilt dann die Gleichung:

$$J + A_L + Z = 100\,\%. \tag{129}$$

Dabei bedeuten J die direkte Sonnenstrahlung in irgend einem Niveau, A_L die oberhalb dieses Niveaus absorbierte und Z die zerstreute Sonnenstrahlung.

Die *Himmelsstrahlung* H berechnen wir nach der Näherungsgleichung:

$$H = \frac{Z}{2} + 1\,\%. \tag{130}$$

Etwas mehr als die Hälfte der zerstreuten Strahlung geht nämlich abwärts, etwas weniger als die Hälfte aufwärts. Aus Gl. (129) ergibt sich also:

$$H = \frac{1}{2} \cdot (100 - J - A_L) + 1\,\%. \tag{131}$$

Diese Gleichung ist deswegen zur (groben) Berechnung der Himmelsstrahlung brauchbar, weil der absorbierte Prozentsatz A_L nur gering ist und näherungsweise nach Zahlentafel 4 ermittelt wird. Man kann also die Himmelsstrahlung H stets ungefähr berechnen, wenn man die direkte Sonnenstrahlung J gemessen hat. Dieser Umstand ist für klimatologische Untersuchungen sehr wesentlich, weil Messungen der direkten Sonnenstrahlung J in großer Zahl vorliegen, nicht aber Himmelsstrahlungsmessungen [51, § 11a].

Beispiel: Bei der im Bild 36 (S. 107) dargestellten Sonnenstrahlungsmessung betrug der Zenitwinkel $\zeta = 75^0$ und der atmosphärische Wasserdampf $w = 1{,}8$ [gr/cm^2]. Die direkte Sonnenstrahlung J, welche dabei am Erdboden einfiel, betrug 0,75 [cal $\cdot$ cm$^{-2} \cdot$ min^{-1}], also, in Prozent der extraterrestrischen gerechnet, $J = 37\,\%$. Der absorbierende Wasserdampf betrug nach (128) $w' = w/0{,}259 = 7$ [gr/cm²]. Aus Zahlentafel 4 entnehmen wir daher den absorbierten Prozentsatz: $A_L = 17\,\%$. Nach (130) beträgt also die Himmelsstrahlung $H = \frac{1}{2} \cdot (100 - 37 - 17) + 1 = 24\,\%$. Dieser Wert ändert sich nur um $1\,\%$, wenn man den Wasserdampfgehalt w halbiert oder verdoppelt.

Reflexionen an Wolkendecken. Bei bewölktem Himmel wird außer der Luft-Zerstreuung auch die Reflexion an Wolkentröpfchen wirksam. Diese ist sehr erheblich, wie man an der leuchtend weißen Farbe sonnenbeschienener Wolken erkennt. Messungen im Freiballon haben ergeben, daß kompakte Wolkendecken 60 bis $80\,\%$ der darauffallenden Sonnenstrahlung diffus reflektieren. Man sagt, die *Albedo* kompakter Wolken beträgt 60 bis $80\,\%$. Dünnere Wolken reflektieren natürlich weniger und, da alle Übergangsarten vom Dunst bis zu kompakten Wolkendecken vorkommen, gibt es auch Wolkendecken, welche nur wenig reflektieren. Deshalb ist es sehr schwer oder eigentlich unmöglich, für die Haushaltrechnung eine mittlere Wolkenalbedo anzugeben. Hier hilft uns aber die **Haushaltgleichung der Wolken**, die folgendermaßen lautet:

$$R_N + A_N + D_N = 100\,\%. \tag{132}$$

In dieser Gleichung bedeutet R_N den reflektierten, A_N den absorbierten und D_N den durchgelassenen Prozentsatz der (von oben) auf die Wolkendecke einfallenden Strahlung $J + H$ Nach (132) kann man also die Albedo R_N berechnen, wenn man A_N und D_N kennt.

Die **durchgelassene Strahlung** (D_N) ist wesentlich häufiger gemessen worden als die Albedo R_N, weil man sie am Erdboden beobachten kann. Es handelt sich dabei im wesentlichen um die Himmelsstrahlung eines bedeckten Himmels. Nach Messungen und Abschätzungen von Angström [56], Kimball [57], Lunelund und Keränen [58] beträgt in gemäßigten Breiten die Durchlässigkeit der Wolken im Mittel etwa $D_N = 23\,\%$, Moore und Abbot [59] haben festgestellt, daß regnende Wolken sehr viel geringere Durchlässigkeit besitzen. Dünne Cirrus-Schleier haben offensichtlich mehr als $90\,\%$ Durchlässigkeit

Der **absorbierte Prozentsatz** A_N ist ebenfalls großen Schwankungen unterworfen, doch ist er fast immer gegen R_N gering, so daß die Unsicherheit dieser Größe im Wärmehaushalt keine sehr große Bedeutung hat. Dennoch darf A_N nicht ganz vernachlässigt werden, wie man z. B in den Tropen erkennt, wenn nachts entstandene Stratocumuluswolken morgens infolge der Sonnenbestrahlung verschwinden. Dieser Effekt läßt den Schluß zu, daß eine Stratocumulusdecke von 500 m Mächtigkeit etwa 5 bis $10\,\%$ der auffallenden Strahlung $J + H$ absorbiert. Sicherlich können massive Regenwolken mehr als das Doppelte, Cirruswolken weniger als die Hälfte davon absorbieren.

Anwendung: Man kann die Albedo R_N einer Wolkendecke aus (132) berechnen, wenn man die durchgelassene Strahlung (die diffuse Himmelsstrahlung unter der Wolkendecke) mißt und den absorbierten Prozentsatz A_N abschätzt.

Beispiel: Auf eine tiefe Stratocumuluswolke fällt die Strahlung $J + H$, die (nach Bild 36) im Beispiel S. 112 zahlenmäßig angegeben ist. Wenn wir die Strahlung $J + H$ im Energiemaß ausdrücken und auf das horizontale cm^2 beziehen, erhalten wir

$$J + H = 1{,}94 \cdot \cos\zeta \cdot (0{,}37 + 0{,}24) = 0{,}31 \left[\frac{\text{cal}}{\text{cm}^2 \cdot \text{min}}\right]. \qquad (133)$$

Die diffuse *Himmelsstrahlung* H_N, welche von der (tiefen) Wolkendecke ausgeht, messen wir in folgender Stärke [51, § 3]:

$$H_N = 0{,}08 \left[\frac{\text{cal}}{\text{cm}^2 \cdot \text{min}}\right]. \qquad (134)$$

Wie groß ist die *Albedo* dieser Stratocumulusdecke?

Aus (133) und (134) berechnen wir den *durchgelassenen* Prozentsatz D_N folgendermaßen:

$$D_N = \frac{100 \cdot H_N}{J + H} = 26\,\%. \qquad (135)$$

Den *absorbierten* Prozentsatz A_N schätzen wir auf $10\,\%$. Die *Albedo* R_N beträgt dann nach (132) $R_N = 64\,\%$.

24. Planetarische Haushaltgrößen.

Die **Planeteneigenschaft** der Erde schließt dreierlei Tatsachen ein, erstens ihre *Rotation um die eigene Achse,* zweitens ihren *Umlauf um die Sonne,* drittens ihre *Sonnenbestrahlung.* Wenn die Erde eine allenthalben einheitliche Oberfläche besäße (z. B. nur Wasseroberfläche), so könnten (im Mittel) systematische Unterschiede des Strahlungshaushalts nur zwischen den verschiedenen *Jahreszeiten* und den verschiedenen *Breitenzonen* vorhanden sein; die Unterschiede zwischen *Kontinent* und *Ozean, Hochland* und *Tiefland,* die auf unserer wirklichen Erde eine große Rolle spielen, würden fortfallen. Wenn wir daher im folgenden einen Strahlungshaushalt für 4 Breitenzonen der Erdhalbkugel und für zwei Jahreszeiten (Sommer- und Winterhalbjahr) aufstellen, so ist dieses ein „planetarischer" Haushalt, in dem sich *nur* die Planeteneigenschaft der Erde wiederspiegelt, nicht aber die geographisch bekannte Verschiedenartigkeit ihrer Oberfläche. Der „planetarische" Haushalt vereinfacht das Problem beträchtlich und liefert uns eine kurze Übersicht über die gesamte Erde.

Als **Randflächen** der Atmosphäre im planetarischen Sonnenstrahlungshaushalt wählen wir einerseits ihren „Außenrand", andererseits die Erdoberfläche (den Innenrand). Um aber genau definierte Niveauflächen zu haben, denken wir uns den Außenrand 30 km, den Innenrand 0,5 km über dem Meeresniveau. Der letztere liegt ein wenig über der mittleren Erdoberfläche; wir rechnen hier eine *bodennahe Staub- und Dunstschicht,* in welcher unkontrollierbare Einflüsse des Erdbodens wirksam werden, nicht zur Atmosphäre, sondern zum Erdboden.

Die **extraterrestrische Sonnenstrahlung** Q fällt *am Außenrand* ein; ihre Zahlenwerte sind in der Spalte 2 der nachfolgenden Tabelle 5 eingetragen. Alle anderen Strahlungsgrößen (J, H, H_N, A_B, A_{LN}) sind in Prozent von Q gerechnet.

Die **klimatologischen Beobachtungen**, welche dieser Haushaltstabelle zugrunde liegen, erfassen im wesentlichen nur zwei Größen: die *direkte* Sonnenstrahlung J, welche bei heiterem Wetter am Erdboden eintrifft, und die *Wolkenbedeckung* N (beides Zonenmittelwerte). Die erstere ist in der dritten Spalte eingetragen. Diese Werte sind von G. Perl [60] aus der großen Menge der vorhandenen Sonnenstrahlungsmessungen aller Breiten und Jahreszeiten ermittelt worden; hier haben wir sie auf die Höhe 500 m über Meer umgerechnet.

Die Wolkenbedeckung N (Spalte 4) gibt den Prozentsatz des Himmels an, soweit er in den klimatologischen Beobachtungen als „bedeckt" gemeldet wird (nach Brooks [61]). Dieser Wert umfaßt natürlich auch die Cirren, durch welche die Sonne durchscheint; er bedarf daher einer Korrektur, um den Prozentsatz N' der Erdoberfläche zu erfassen, welcher im Sonnenstrahlungshaushalt als „bedeckt" zu rechnen ist. Der letztere Wert steht in der fünften Spalte. Diese drei Spalten (J, N, N') enthalten also die *klimatologisch beobachteten Grundwerte* unseres Sonnenstrahlungshaushalts [51, § 11b].

Der **Wolkenhaushalt** ist in den drei Größen R_N, A_N und D_N (Spalte 6 bis 8) niedergelegt. Diese Größen beruhen auf Schätzung und sind so gegeneinander abgestimmt, daß die Haushaltgleichung (132) erfüllt ist. Außerdem ist in ihnen berücksichtigt, daß hohe Wolkendecken (in den Tropen) geringere Albedo R_N (höhere Durchlässigkeit D_N) haben als niedere Wolken (in gemäßigten und polaren Breiten) und daß Regenwolken (in den Hauptregengürteln) stärker absorbieren (A_N) als nichtregnende Wolken. Im übrigen sind die Werte so geschätzt, daß sie den bisher vorliegenden Beobachtungsergebnissen (S. 113) entsprechen. Diese drei Größen des Wolkenhaushalts R_N, A_N, D_N sind also weniger gut verbürgt als die klimatologisch beobachteten Grundwerte J und N. Für den planetarischen Haushalt haben sie aber nur geringere Bedeutung, weil sie das Ergebnis nur im wolkenbedeckten Teil der Zonen beeinflussen [51, § 11 b].

Die diffuse Himmelsstrahlung H wird für den unbedeckten Teil der Zonen mit (131) (S. 112) aus J berechnet. Dabei setzen wir für A_L in allen Zonen und Jahreszeiten den Wert $14\,^0/_0$ ein. Zwar steht die Sonne im Winter und in polnäheren Breiten tief am Horizont, im Sommer und in tropischen Breiten hoch im Zenit, aber im ersteren Falle hat die Atmosphäre wenig, im letzteren viel Wasserdampf, so daß die absorbierende Wasserdampfmenge w sich im Mittel nicht viel unterscheidet. Wenn man diese Verhältnisse numerisch abschätzt, so kommt man (nach Tabelle 4, S. 111) im Mittel etwa auf $A_L = 14\,^0/_0$ für alle Breiten und Jahreszeiten. Mit diesem A_L ist also H nach (131) berechnet und in Spalte 9 eingetragen.

Für den *bedeckten Teil* der Zonen gelten die Werte H_N der Spalte 10. Diese Werte berechnen sich (laut Definition) aus der Durchlässigkeit D_N (S. 113) mit folgender (der Gl. (135) entsprechenden) Formel:

$$H_N = \frac{D_N}{100} \cdot (J + H), \qquad (136)$$

wobei J aus Spalte 3 und H aus Spalte 9 entnommen werden. Da diese Werte $J + H$ für das Niveau 500 m gelten, bedeutet (streng genommen) in dieser Rechnung D_N die Durchlässigkeit einer in 500 m Höhe gedachten Opalglasscheibe, welche denselben Effekt bewirkt wie (im Mittel) die Bewölkung [51, § 11b].

Zahlentafel 5 Planetarischer Sonnenstrahlungshaushalt.

2. Q Extraterrestrische Bestrahlung [kcal/cm² · Hj]
3. J Direkt die Erdoberfläche erreichende Sonnenstrahlung
4. N Mittlere Wolkenbedeckung (beobachtet)
5. N' Nicht direkt sonnenbestrahlter Teil der Erdoberfläche
6. R_N Mittlere Albedo der Wolkenbedeckung
7. A_N In Wolken absorbierter Bruchteil
8. D_N Durch die Wolkendecken durchgelassener Bruchteil
9. H Himmelsstrahlung bei heiterem } Himmel
10. H_N Himmelsstrahlung bei bedecktem } Himmel
11. R_B Albedo der Erdoberfläche
12. A_B absorbiert an der Erdoberfläche
13. A_{LN} absorbiert in der Atmosphäre
14. $\triangle T$ Temperaturänderung der Troposphäre durch A_{LN}
15. R Albedo der Erde

Die Werte der untersten Zeile sind mit dem „Gewicht" $Q \cdot F$ (Tabelle 9 Spalte 2) gemittelt.

	1 Zone	2 Q kcal cm² . Hj	3 J %	4 N %	5 N' %	6 R_N %	7 A_N %	8 D_N %	9 H %	10 H_N %	11 R_B %	12 A_B %	13 A_{LN} %	14 $\triangle T$ °C/Tag	15 R %
Winter	90°—60°	15	35	60	46	65	10	25	26	15	50	16	18	0,1	66
	60°—40°	60	47	59	59	65	15	20	21	14	18	29	20	0,3	51
	40°—20°	105	58	43	39	60	10	30	15	22	16	45	17	0,5	38
	20°—0°	142	59	47	38	55	10	35	15	26	16	4[illegible]	17	0.7	37
Sommer	0°—20°	165	61	54	38	55	15	3	14	22	16	46	18	0,8	36
	20°—40°	169	61	42	34	60	10	30	14	22	16	48	16	0.8	36
	40°—60°	157	59	57	51	65	15	20	15	15	16	36	20	0,9	44
	60°—90°	135	57	70	70	65	10	25	16	18	25	26	19	0.7	55
ganze Erde		128										42	18	0,6	40

Absorption am Erdboden. Für den Wärmehaushalt ist die Größe A_B (Spalte 12) bedeutungsvoll, welche angibt, wieviel Wärme der *Erdboden* (einschließlich der bodennahen Dunst- und Staubschicht) durch Absorption der Sonnen- und Himmelstrahlung einnimmt (Prozente der extraterrestrischen Sonnenstrahlung). Um diesen Betrag zu errechnen, müssen wir erst die *mittlere Albedo R_B der Erdoberfläche* kennen (in Spalte 11 eingetragen). Diese Albedowerte sind hier etwa 2% höher als sonst üblich angegeben, weil die diffuse Reflexion der bodennahen Luftschicht („Randflächen", S. 114) mit berücksichtigt werden muß. In den Polarzonen ist die Albedo R_B wegen der Schneedecken bedeutend größer als in den anderen Zonen [62].

Die *am Erdboden absorbierte* Wärme A_B wird dann nach der Gleichung

$$A_B = \left(1 - \frac{R_B}{100}\right) \cdot \left\{ \left(1 - \frac{N'}{100}\right) \cdot (J + H) + \frac{N'}{100} \cdot H_N \right\} \qquad (137)$$

berechnet. In der geschweiften Klammer steht nämlich die *gesamte* Sonnen- und Himmelsstrahlung, die im Halbjahr in der *Zone* einfällt, wenn der Zonenteil $1-N/100$ *unbedeckt* und der Bruchteil $N/100$ *bedeckt* ist. Die Spalte 12 enthält das Ergebnis [51, § 11c].

Die Absorption der Atmosphäre A_{LN} setzt sich aus der Absorption in *Luft* A_L und derjenigen in *Wolkentröpfchen* zusammen; die erstere ist im *bedeckten und unbedeckten* Teil der Zone wirksam, die letztere *nur im bedeckten:*

$$A_{LN} = A_L + \frac{A_N}{100} \cdot (J + H) \cdot \frac{N}{100} \,. \qquad (138)$$

Das zweite (letzte) Glied der rechten Seite gibt also die Absorption in Wolkentröpfchen an, wenn $J + H$ die Strahlung ist, welche (im Mittel) auf die *Wolkenoberfläche* einfällt. Da die Absorption in Wolken *gering* ist, begehen wir nur einen sehr kleinen Fehler, wenn wir für $J + H$ den Wert des Niveaus 500 m einsetzen. Hier wird nun also, wie S. 115, $A_L = 14\%$ eingesetzt (in allen Zonen und Jahreszeiten); die übrigen Größen werden aus den Spalten 3, 5, 7 und 9 entnommen. Das Ergebnis ist in Spalte 13 eingetragen.

Praktisch kommt diese Wärmeeinnahme *ausschließlich der Troposphäre* zu; die *Stratosphäre* absorbiert nur einen vernachlässigbar kleinen Bruchteil davon. Um diese Erwärmung anschaulich zu machen, ist in Spalte 14 die Größe ΔT angegeben, eine Temperaturerhöhung pro Tag, welche dann in der ganzen Troposphäre eintreten würde, wenn die Wärme A_{LN} auf alle ihre Massen (Höhenschichten) gleichmäßig verteilt würde, und wenn keine andere Wärmewirkung daneben vorhanden wäre. Dieser Wert ΔT ergibt sich aus der kalorimetrischen Gleichung:

$$1000 \cdot Q \cdot \frac{A_{LN}}{100} = 183 \cdot m \cdot c_p \cdot \Delta T \,. \qquad (139)$$

Hier steht nämlich links die *haushaltmäßige* Wärmezufuhr (cal) im Halbjahr, rechts die *kalorimetrische* Erwärmung während 183 Tagen; m bedeutet die Masse der troposphärischen Luftsäule von 1 cm^2 Querschnitt ($m \sim 800$ [gr/cm^2]) und $c_p = 0{,}24$ [cal/gr Grad] die spezifische Wärme der Luft bei konstantem Druck.

Albedo der Erde und Atmosphäre: Derjenige Teil der Sonnenstrahlung, welcher weder in der Atmosphäre noch am Erdboden absorbiert wird, geht wieder in den Weltraum zurück als reflektierte Strahlung. Dieser reflektierte Teil R wird „Albedo der Erde" genannt; er ist in der Spalte 15 numerisch angegeben, berechnet nach der Formel

$$R = 100 - A_B - A_{LN} \,, \qquad (140)$$

wobei A_B und A_{LN} aus Spalte 12 und 13 entnommen sind.

Die Mittelwerte der ganzen Erde im Jahreslauf sind in der untersten Zeile der Tabelle 5 eingetragen. Dabei ist Q mit dem „Gewicht" der Zonenfläche F (Spalte 2 der Tabelle 9, S. 140) gemittelt, die Prozentwerte aber mit dem „Gewicht" $Q \cdot F$. Das *Gesamtergebnis* wird sehr einfach, wenn man annimmt, daß die zur Erdoberfläche gerechnete Staub- und Dunstschicht (unterhalb der Höhe 500 m), im Mittel 2% der extraterrestrischen Strahlung absorbiert. Diese Annahme wird wohl ungefähr den Tatsachen entsprechen. Dann ergibt sich aus der untersten Zeile der Tabelle 5 folgender

Satz 44: Im Mittel der ganzen Erde absorbiert die Atmosphäre etwa 20 % der extraterrestrischen Sonnenstrahlung, die Erdoberfläche etwa 40 %. Der Rest von 40 % wird in den Weltraum reflektiert.

Die **Genauigkeit** dieser Ergebnisse ist nur gering, wie die vorstehenden Erläuterungen erkennen ließen. Doch liegt die Ungenauigkeit nicht an der Methode, sondern am Mangel beobachteter Unterlagen. Vor allem kennen wir den *Wolkenhaushalt* zu wenig, um darüber genaue Werte anzugeben. Aus diesem Grunde würde man z. B. keine besseren Resultate gewinnen, wenn man die Wolken in mehreren Höhenstufen behandeln würde (nicht wie eine einzige Opalglasscheibe). Auch bei dieser Methode wäre man nur auf Schätzungen angewiesen. Die einzigen zuverlässig beobachteten Grundlagen sind (außer Q) die Werte J und N. Deshalb haben wir unsere Haushaltrechnung so angelegt, daß die anderen Werte möglichst unmittelbar an N und J anknüpfen [51, § 11 c]. Die S. 115 begründete Vereinfachung, daß A_L in allen Breiten und Jahreszeiten im Mittel gleich ($\sim$ 14 %) sei, darf also in Kauf genommen werden, weil eine genauere Rechnung ohnehin nicht viel nützen würde. Hier kommt es mehr auf die Übersichtlichkeit der Methode an, als auf die Genauigkeit der Ergebnisse. Deshalb sind in der Zahlentafel 5 alle Werte auf ganze % abgerundet, obwohl die Zwischenrechnungen zehntel % berücksichtigen. Auch die ganzen %-Werte sind nicht verbürgt; ± 5 % Fehler sind unvermeidlich.

IX. Ausstrahlung irdischer Massen.

25. Schwarzemission des Erdbodens und der Wolken; selektive Emission der Luft.

Emission: Nicht nur die Sonne emittiert Strahlungsenergie, sondern jeder Körper, sofern seine Temperatur vom absoluten Nullpunkt verschieden ist. Diese Emission hat eine erwärmende Wirkung nur auf kältere Körper, z. B. spüren wir die Emission eines geheizten Ofens nur dann, wenn der Ofen *höhere* Temperatur hat als unser eigener Körper. Wenn aber unser Bett an einer eiskalten Wand steht, so spüren wir eine abkühlende Wirkung, weil unser eigener Körper mehr Wärme emittiert als die Wand. Dennoch ist die (geringe) Emission der Wand vorhanden, obwohl wir sie nicht als Wärme spüren.

Dieser Sachverhalt hat auch im atmosphärischen Wärmehaushalt Bedeutung: Wenn z. B. niedrige Wolken (Hochnebel) den Erdboden bedecken, so emittiert dieser eine diffuse Strahlung gegen die Wolkendecke und die letztere eine solche gegen den Erdboden. Wenn beide Emissoren dieselbe Temperatur haben, sind beide Emissionen gleich stark; in diesem Fall „spürt" weder der Erdboden noch die Wolke eine Erwärmung (bei Nacht); jeder von beiden emittiert ebensoviel Wärme wie er absorbiert. Wenn aber der Erdboden (wie normal) höhere Temperatur hat als die Wolkendecke, so emittiert er mehr als die Wolke; in diesem Falle würde die Wolke eine Erwärmung spüren und der Erdboden eine Abkühlung (bei Nacht), wenn beide Empfindung besäßen.

Man könnte die Emission des Erdbodens oder irgend eines anderen Körpers messen, indem man ihm einen Testkörper der absoluten Temperatur 0^0K (— 273^0C) gegenüberstellt; je stärker der Erdboden emittiert, umso schneller steigt die Temperatur des Testkörpers. Solch eine Emissionsmessung hat aber ihre Schwierigkeiten; weiter unten (S. 122) werden wir sehen, daß es einfacher ist, die Emission des Erdbodens aus seiner absoluten Temperatur zu berechnen.

Emissionsspektren: Bild 38 zeigt zum Vergleich einige atmosphärische Energiespektren, die teils auf der Emission der *Sonne*, teils auf der Emission *irdischer* Massen beruhen. Die Koordinaten dieser Spektren sind die gleichen wie im Bild 36 (S. 107); es handelt sich aber bei einigen um diffuse Strahlung. Bild 38a zeigt in ausgezogener Kurve das bereits im Bild 36 (dort aber gestrichelt) wiedergegebene Spektrum der *Solarkonstante* S_0; in gestrichelter Kurve das Sonnenspektrum *am Erdboden* (S_B) bei einem Sonnenstand 35^0 über dem Horizont, schraffiert im Intervall $d\lambda$ die Energie $S_\lambda \cdot d\lambda$, wobei S_λ die „Intensität" bedeutet (vgl. S. 108). Bild 38b liefert das Spektrum der diffusen Himmelsstrahlung (pro horizontalem cm^2) und zwar ausgezogen (H) bei heiterem, gestrichelt (H_N) bei bedecktem Himmel (beide im Meeresniveau gemessen). Bild 38c meint mit der ausgezogenen Kurve das Emissionsspektrum E_B des Erdbodens bei der Bodentemperatur $+ 20^0$C, Bild 38d dasselbe bei $- 20^0$C. Hier

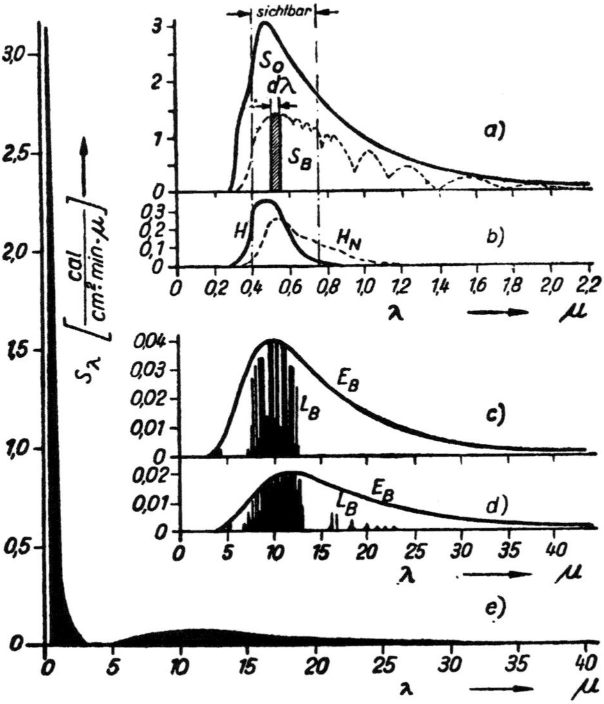

Bild 38. Atmosphärische Energiespektren (nach F. Albrecht).

Abszissen λ: Wellenlänge in μ
Ordinaten S_λ: Spektrale Intensität $\left[\frac{\text{cal}}{\text{cm}^2 \cdot \text{min} \cdot \mu}\right]$

38a Sonnenstrahlung (Meßfläche senkrecht zum Sonnenstrahl)
Ausgezogene Kurve S_0: Exterrestrisches Spektrum
Gestrichelte Kurve S_B: Im Meeresniveau, Sonne 35° über Horizont
Schraffiert: Energie im Bereich $d\lambda$ zwischen $0{,}50\,\mu$ und $0{,}55\,\mu$

38b Diffuse Himmelsstrahlung im Meeresniveau (Meßfläche horizontal)
Ausgezogene Kurve H: Bei heiterem Himmel, Sonne 35° über Horizont
Gestrichelte Kurve H_N: Bei ganz bedecktem Himmel, Sonne 20° über Horizont

38c Diffuse Ausstrahlung des Erdbodens bei der Bodentemperatur + 20° C
Ausgezogene Kurve E_B: Emission
Schwarz angelegte Fläche L_B: Effektive Ausstrahlung bei heiterem Himmel

38d Dasselbe wie 38c bei der Bodentemperatur — 20° C

38e Vergleich zwischen der extraterrestrischen Sonnenstrahlung (links steil stehende schwarze Spektrumfläche) und der diffusen Schwarzemission bei + 20° C (rechts flach liegende schwarze Spektrumfläche).

handelt es sich um die gesamte diffuse Emission, die aus einem cm^2 der Erdoberfläche in die Atmosphäre ausgestrahlt wird.

Bild 38e zeigt eine Zusammenstellung des Solarkonstanten-Spektrums mit dem Spektrum der Erdbodenemission bei + 20° C. Das erstere liegt zwischen den Wellenlängen $0{,}3\,\mu$ und $3\,\mu$ mit dem Spitzenwert $S_\lambda = 3{,}1$ $[\text{cal} \cdot \text{cm}^{-2} \cdot \text{min}^{-1}/\mu]$, das letztere zwischen $5\,\mu$ und $40\,\mu$ mit dem Spitzenwert $S_\lambda = 0{,}04$ [$\mathrm{cal \cdot cm^{-2} \cdot min^{-1}}/\mu$]. Beide Spektrumflächen sind hier (in Bild 38e) schwarz angelegt. Man sieht in dieser Zusammenstellung, daß die irdischen Emissionen gänzlich andere Wellenlängen umfassen als die Sonnenstrahlung; hierdurch kann man die irdische und solare Strahlung stets eindeutig unterscheiden. **In der Meteorologie bezeichnet man daher die irdischen Emissionen als „langwellig", die Sonnen- und Himmelsstrahlung als „kurzwellig"** [51, § 1c].

Gegenstrahlung und effektive Ausstrahlung: Die Bilder 38c und 38d enthalten auch den Vergleich zwischen der aufwärts gerichteten Emission des Erdbodens und der abwärts gerichteten Emission der wolkenlosen Atmosphäre. Die letztere Emission nennt man „Gegenstrahlung", weil sie *gegen* die Emission des Erdbodens wirkt; die Differenz dieser beiden Emissionen heißt „effektive Ausstrahlung", weil im Haushalt des Erdbodens nur diese Differenz einen Effekt macht (abgesehen von der Sonnenstrahlung).

Die Gegenstrahlung der wolkenfreien Atmosphäre hat ein kompliziertes Spektrum, insofern in buntem Wechsel einige Wellenlängen gar nicht und andere sehr stark emittiert werden; man sagt, die wolkenlose Atmosphäre emittiert „selektiv". Deshalb hat auch die effektive Ausstrahlung bei heiterem Himmel ein „selektives" Spektrum mit zahlreichen Emissionsbanden. In den Bildern 38c und 38d sind diese (selektiven) Spektrumflächen (L_B) der effektiven Ausstrahlung schwarz angelegt. Die übrig bleibende weiße Fläche (unter der ausgezogenen Kurve) ist das Spektrum der „Gegenstrahlung". Dabei ist angenommen, daß die bodennahe Lufttemperatur und die Bodentemperatur einander gleich sind.

Derart verschieden sind die Emissionen des Erdbodens und der (wolkenlosen) Atmosphäre deswegen, weil der Erdboden ein fester (bzw. flüssiger) Körper ist und die Atmosphäre ein Gas; Gase absorbieren und emittieren stets selektiv, feste und flüssige Körper mit kontinuierlichem Spektrum.

Schwarze Oberflächen: Der *Erdboden* (einschließlich der Meeresoberfläche) hat außerdem die Eigenschaft, in dem (in Frage kommenden) Wellenlängenbereich von 4μ bis 100μ die ganze einfallende Strahlung praktisch restlos (zu $97\,^0/_0$) zu absorbieren. Da eine Fläche, welche das sichtbare Licht restlos absorbiert, dem Auge schwarz erscheint, nennt man auch in anderen Wellenlängenbereichen eine restlos absorbierende Fläche schwarz; insbesondere sagt man, der Erdboden sei eine „schwarze" Fläche für die Wellenlängen 4μ bis 100μ. Dasselbe gilt bei fast allen Wolken und Schneedecken; auch sie sind „schwarz" in diesem „langwelligen" Bereich, obwohl sie dem Auge weiß erscheinen; sie absorbieren alle Wellen von 4μ bis 100μ restlos, obwohl sie die Wellen von $0{,}3\mu$ bis 3μ sehr stark (zu etwa $60\,^0/_0$ nach Tabelle 5, S. 116) reflektieren [51, § 2a].

Schwarzemission: Das grundlegende Strahlungsgesetz, welches wir Max Planck (1901) verdanken, sagt aus, daß alle schwarzen Flächen gleicher Temperatur dasselbe Spektrum emittieren. Bild 38c zeigt in ausgezogener Kurve das „Schwarzemissionsspektrum" für + 20 °C, Bild 38d dasjenige für — 20 °C. Eine Wolkendecke von + 20 °C emittiert also dasselbe (ausgezogene) Spektrum des Bildes 38c wie der Erdboden von + 20 °C, desgleichen bei jeder anderen Temperatur [51, § 2b].

Die Bilder 38c und d zeigen außerdem, daß die Emission sich mit steigender Temperatur nach kürzeren Wellenlängen verlagert. Dieses gilt auch im sichtbaren Bereich: Ein rotglühendes Eisen ist z. B. kälter als ein weißglühendes. Aus demselben Grunde emittiert die Sonne mit 6000 °K kürzere Wellen als die Erde mit rund 300 °K (Bild 38e). Für alle Schwarzemissionen gilt das „Wiensche Verschiebungsgesetz" (1893): Diejenige Wellenlänge, in welcher das Spektrum seine maximale Intensität besitzt, ist umgekehrt proportional der absoluten Temperatur.

Natürlich steigt die *Gesamtenergie* der Schwarzemission (die Größe der ganzen Spektrumfläche) mit steigender Emissionstemperatur (Bild 38c und d); ein gut geheizter Ofen strahlt mehr als ein kalter. Stefan und Boltzmann entdeckten 1884 das Gesetz, daß die gesamte Emissionsenergie einer schwarzen Oberfläche proportional der vierten Potenz ihrer absoluten Temperatur ist:

$$E = \sigma \cdot T^4; \quad \sigma = 0{,}826 \cdot 10^{-10} \left[\frac{\text{cal}}{\text{cm}^2 \cdot \text{min} \cdot {}^0\text{K}^4}\right]. \qquad (141)$$

E bezeichnet hier die gesamte Strahlungsenergie, die aus dem cm^2 der emittierenden Fläche diffus in den Halbraum emittiert wird. Die Zahlenwerte E sind in der nachfolgenden Tabelle 6 aufgeführt; die Temperaturwerte T werden dabei links in °C angegeben, obwohl sie in (141) absolut gemeint sind.

Zahlentafel 6. Schwarzemission $[10^{-3}\ \text{cal} \cdot \text{cm}^{-2} \cdot \text{min}^{-1}]$

E ist der Gesamtwert des ganzen Spektrums, E_C bis E_K sind Teilbeträge, welche in der Atmosphäre verschieden stark absorbiert werden (Bild 40, S. 127).

T °C	E	E_C	E_D	E_H	E_U	E_V	E_W	E_K	T °K
— 70	140	5,0	12,9	18,5	23,2	46,1	14,8	19,0	203
— 60	170	7,0	17,7	24,1	28,1	51,9	16,4	24,0	213
— 50	204	9,2	23,5	30,4	33,8	58,7	18,4	29,7	223
— 40	244	12,0	30,3	37,5	40,2	66,2	20,7	36,1	233
— 30	288	15,1	38,5	45,2	48,0	74,8	23,1	43,3	243
— 20	339	18,8	48,3	54,0	56,8	84,5	25,6	51,0	253
— 10	395	23,2	59,3	64,2	66,8	94,7	28,5	59,5	263
± 0	459	28,2	71,8	76,0	77,7	105,4	31,3	68,8	273
+ 10	530	33,8	86,5	88,6	90,4	117,1	34,7	78,6	283
+ 20	609	40,0	102,7	103,0	105,2	130,0	38,1	88,7	293
+ 30	696	46,6	123,0	118,9	122,1	144,5	41,8	99,5	303

Satz 45: Die Erdoberfläche und die Wolkendecken absorbieren und emittieren schwarz (Tabelle 6) im Wellenlängenbereich irdischer Temperaturen (4 μ bis 100 μ).

Gedankenexperiment: Wir denken uns eine dünne atmosphärische Luftschicht (etwa 100 m mächtig) zwischen zwei mit ihr gleich temperierten schwarzen Oberflächen, z. B. zwischen zwei Wolkendecken gleicher

Temperatur. Diese emittieren von beiden Seiten gleich starke Schwarzstrahlung durch die Luftschicht, und alle drei Schichten sind miteinander im Wärmegleichgewicht (so daß ihre Temperatur erhalten bleibt), wenn sie alle drei dieselbe Temperatur haben. In diesem Falle emittiert also die mittlere Luftschicht ebensoviel Energie, wie sie absorbiert (sonst würde sie nämlich ihre Temperatur nicht behalten). Wenn sie nur wenig von der hindurchgehenden Schwarzstrahlung absorbiert, so emittiert sie auch nur wenig; wenn sie viel absorbiert, emittiert sie auch viel. Nennen wir den darin absorbierten Bruchteil a und die Schwarzemission E, so nimmt die Luftschicht (pro cm^2 und Minute) die Wärmemenge $2 \cdot a \cdot E$ [cal] auf, von jeder der beiden Wolkendecken je $a \cdot E$. Ebensoviel emittiert die Luftschicht im Wärmegleichgewicht, d. h. nach oben und unten je $e = a \cdot E$.

Denken wir nun plötzlich beide Wolkendecken fortgenommen und durch andere (auch anders temperierte) Luftschichten ersetzt, so ist zwar das Wärmegleichgewicht zwischen den 3 Schichten gestört, doch ist natürlich die Emission der betrachteten (mittleren) Schicht unverändert, solange diese noch dieselbe Temperatur und dieselbe materielle Zusammensetzung hat.

Kirchhoffsches Gesetz: Aus diesem Gedankenexperiment ergibt sich daher folgendes Rezept für die *Emissionsbestimmung* einer isothermen Luftschicht: Man mißt ihre Temperatur und den Bruchteil a einer gleich temperierten Schwarzstrahlung E (Tabelle 6), welcher in ihr absorbiert wird (pro cm^2 und Minute). Dann ist

$$e = a \cdot E \tag{142}$$

die gesuchte Emission aus der Luftschicht (nach einer Seite). Dieses von Kirchhoff 1859 angegebene Gesetz, gilt nicht nur für die Gesamtemission, sondern auch für jeden (kleinen oder großen) Wellenlängenbereich $\Delta\lambda$ [51, § 2c].

Anmerkung: Wenn man die Absorptionseigenschaften der Luftschicht kennt, kann man den „Absorptionsfaktor" a berechnen, statt ihn zu messen. In diesem Falle ist zu beachten, daß a auch von der Temperatur abhängt, weil das Spektrum von E sich mit der Temperatur verändert.

Satz 46: Isotherme atmosphärische Luftschichten emittieren nach unten und oben je ebensoviel Strahlung, wie sie von der gleich temperierten Schwarzstrahlung absorbieren würden. (Kirchhoffsches Gesetz).

Nichtisotherme Luftschichten zerlegt man zwecks Bestimmung ihrer Emission in zahlreiche dünne Teilschichten, von denen jede einzelne als in sich isotherm behandelt werden darf. D. h. man ersetzt die (kontinuierliche) Temperaturkurve des aerologischen Aufstiegs (Bild 3, S. 13 und 9, S. 26) durch eine *Stufenkurve*. Wenn man z. B. wissen will, welche Strahlung am unteren Rande einer dicken nichtisothermen Schicht herauskommt (*abwärts* gerichtete Emission dieser Schicht), so muß man zunächst für jede einzelne Teilschicht den Teilbetrag ermitteln, den sie dazu beiträgt, und dann alle diese Teilbeiträge addieren. Dabei muß berücksichtigt werden, daß die Strahlung einer (nicht am unteren Rande gelegenen) Teilschicht durch

Absorption in den tiefer liegenden Teilschichten geschwächt wird, ehe sie unten herauskommt. Diese Rechnung ist sehr kompliziert; sie muß bei selektiver Absorption für jede Wellenlänge getrennt durchgeführt werden [51, § 4].

Absorptionsschichtdicke s_λ: Für die Emissions- und Absorptionsrechnung ist es zweckmäßig, die „Schichtdicke" einer atmosphärischen Schicht nicht in m, gdm oder mb zu rechnen, sondern entsprechend ihrer Absorptionsfähigkeit. Dann hat die ganze (wolkenfreie) Atmosphäre für die Wellenlängen 9μ bis 12μ als „dünne" Schicht zu gelten, dagegen ist eine bodennahe Schicht von nur 100 m Mächtigkeit bereits sehr „dick" für die Wellenlängen 5μ bis 8μ, 13μ bis 16μ und 18μ bis 100μ. *Dieselbe* Atmosphärenschicht hat also für verschiedene Wellenlängen *verschiedene* Absorptionsschichtdicke.

In „dünnen" Schichten, die nur wenige Prozent absorbieren, bezeichnen wir den absorbierten Bruchteil einer *senkrecht* einfallenden (nicht diffusen) monochromatischen λ-Strahlung als „Absorptionsschichtdicke" s_λ.

In „dicken" Schichten ist die durchgelassene Strahlung von der einfallenden sehr verschieden, aber selbst die allerdicksten Schichten absorbieren niemals mehr als die ganze einfallende Strahlung. Daher kann man die „Schichtdicke" nicht allgemein mit dem absorbierten Bruchteil gleichsetzen, sondern teilt eine „dicke" Schicht in zahlreiche „dünne" Teilschichten, z. B. in solche Teilschichten, von denen jede den hundertsten Teil der senkrecht durchfallenden λ-Strahlung absorbiert. Dann hat jede Teilschicht die Absorptionsschichtdicke $ds_\lambda = 0{,}01$ und, wenn die ganze „dicke" Schicht aus n Teilschichten besteht, ist ihre Absorptionsschichtdicke $s_\lambda = \int ds_\lambda = n \cdot 0{,}01$ [51, § 4a].

Satz 47: Als (spektrale) „Absorptionsschichtdicke" s_λ einer dünnen atmosphärischen Schicht bezeichnen wir den absorbierten Bruchteil einer senkrecht durchfallenden λ-Strahlung. In dicken Schichten bilden wir die gesamte Absorptionsschichtdicke s_λ als Summe (Integral) über die Schichtdicken ds_λ aller ihrer dünnen Teilschichten. Die Absorptionsschichtdicke s_λ einer wolkenlosen Schicht ist also für verschiedene Wellenlängen sehr verschieden!

Absorptionsfaktor a_λ: Den absorbierten Bruchteil einer *diffus* einfallenden λ-Strahlung (der selbstverständlich größer ist als bei senkrechtem Einfall) nennen wir, wie oben in (139), „Absorptionsfaktor" a_λ. Er ist nur von der „Absorptionsschichtdicke" s_λ abhängig und zwar in *dünnen* Schichten nach der einfachen Näherungsformel

$$a_\lambda = 2 \cdot s_\lambda, \text{ wenn } s_\lambda \angle 0{,}1 \text{ ist.} \quad (143)$$

Wenn die Schicht sehr dick wird ($s_\lambda \searrow 2$), konvergiert a_λ gegen 1, d. h. dann wird praktisch die ganze einfallende λ-Strahlung absorbiert [51, § 4d].

Zahlentafel 7. Absorptionsschichtdicke s_λ und Absorptionsfaktor a_λ einer diffus einfallenden Strahlung.

s_λ	0,1	0,2	0,3	0,4	0,6	0,8	1,0	1,5	2,0	$\geqq$ 3,5
a_λ	0,17	0,30	0,40	0,49	0,62	0,71	0,78	0,89	0,94	1,00

Für **grobe Schätzungen** der Absorption und Emission genügt folgende **Regel**:

Satz 48: Der (diffuse) „Absorptionsfaktor" a_λ einer „dünnen" Schicht ($s_\lambda \angle 0{,}2$) ist ungefähr doppelt, derjenige einer mäßig dicken Schicht ($0{,}3 \angle s_\lambda \angle 0{,}8$) ungefähr ebenso groß wie die „Absorptionsschichtdicke" s_λ. In sehr dicken Schichten ($s_\lambda \searrow 1{,}5$) wird fast die ganze einfallende λ-Strahlung absorbiert ($a_\lambda \to 1$).

Das **Kirchhoffsche Gesetz** (Gl. (142) und Satz 46) ist mit dem spektral gerechneten Absorptionsfaktor a_λ direkt anzuwenden:

$$e_\lambda = a_\lambda \cdot E_\lambda. \quad (144)$$

Bei dieser spektralen Rechnung, in welcher a_λ von der Temperatur praktisch *unabhängig* ist, bedeuten e_λ und E_λ spektrale „Intensitäten" (S. 108), nicht Energiebeträge wie in (142).

26. Absorptions- und Emissionsrechnung auf Wasserdampfbasis.

Wasserdampf und Kohlensäure sind diejenigen Bestandteile der atmosphärischen Luft, welche stark absorbieren und emittieren. Alle anderen Luftgase sind sozusagen nur „Zuschauer“ im Strahlungshaushalt der irdischen Emissionen; Wellenlängen zwischen 4μ und 100μ werden von ihnen weder absorbiert noch emittiert. Die *Kohlensäure* hat eine starke Absorptionsbande in den Wellenlängen von 13μ bis 16μ, der *Wasserdampf* zahlreiche Banden in allen Wellenlängen von 5μ bis 9μ und von 12μ bis 100μ. Dagegen hat der Wasserdampf zwischen 9μ und 12μ die große „Absorptionslücke“; in diesen Wellenlängen absorbiert er fast gar nicht (Bereiche C und D im Bild 40, S. 127) Deshalb emittiert die (wolkenfreie) Atmosphäre zwischen 9μ und 12μ sehr wenig. Dies äußert sich in den Bildern 38c und 38d (S. 120) dadurch, daß die „Gegenstrahlung“ zwischen 9μ und 12μ fast ganz verschwindet, die „effektive Ausstrahlung“ ist in diesem Wellenlängenbereich (9μ bis 12μ) beinahe gleich der Emission des Erdbodens.

Satz 49: In dunst- und wolkenfreien Schichten der Troposphäre darf man die langwellige Absorption und Emission so rechnen, als wäre der Wasserdampf allein vorhanden. Kohlensäure wird nur korrekturweise, die restliche Luft gar nicht berücksichtigt.

Wasserdampf-Absorptionskoeffizient $k\lambda$: Die „Absorptionsschichtdicke“ $s\lambda$ einer dunst- und wolkenfreien Atmosphärenschicht hängt also nur von ihrem Wasserdampfgehalt w und von der spezifischen Absorptionsfähigkeit des Wasserdampfs ab. Die letztere wird durch den „Absorptionskoeffizient“ k_λ ausgedrückt, der durch die Gleichung

$$s_\lambda = k_\lambda \cdot w \tag{145}$$

definiert ist. Dabei bedeutet w die Wasserdampfmasse in einer vertikalen Säule von 1 cm² Querschnitt [gr/cm²]. Da s_λ eine reine Zahl ist, wird k_λ in der Einheit [cm²/gr] angegeben.

Man mißt also z. B. den Absorptionskoeffizient $k\lambda$, indem man eine (nicht diffuse) λ-Strahlung durch eine Wasserdampfsäule w fallen läßt, welche nur einen kleinen (gemessenen) Bruchteil s_λ absorbiert. Aus w und s_λ berechnet man dann k_λ nach (145) [51, § 5a].

Bild 39 zeigt eine graphische Darstellung der gemessenen Wasserdampfabsorptionskoeffizienten $k\lambda$ über der Wellenlänge λ und zwar unten das gesamte langwellige „Absorptionsspektrum“ von 4μ bis 90μ, oben links zwei vergrößerte Ausschnitte dieses Spektrums. Hier sieht man die „selektive“ Natur der Wasserdampfabsorption, zahlreiche Absorptionsbanden mit zwischenliegenden Absorptionslücken. Dazu ist noch zu bemerken, daß die bisherigen Absorptionsmessungen die Feinstruktur nicht genau erfassen konnten. Wahrscheinlich enthält das wirkliche Absorptionsspektrum mehr und höhere Spitzen (daneben tiefere Einsenkungen) als Bild 39. Dieses gilt vor allem für höhere Schichten der Atmosphäre, weil die „Banden“ sich unter geringerem Luftdruck schärfer von den „Lücken“ absetzen als unter höherem Luftdruck. Hierdurch entsteht eine erhebliche Ungenauigkeit und Unsicherheit der Absorptions- und Emissionsrechnung, was jedoch deswegen kaum zur Geltung kommt, weil Bewölkung und Dunst im langwelligen Strahlungshaushalt den Ausschlag geben. [51, § 5b]

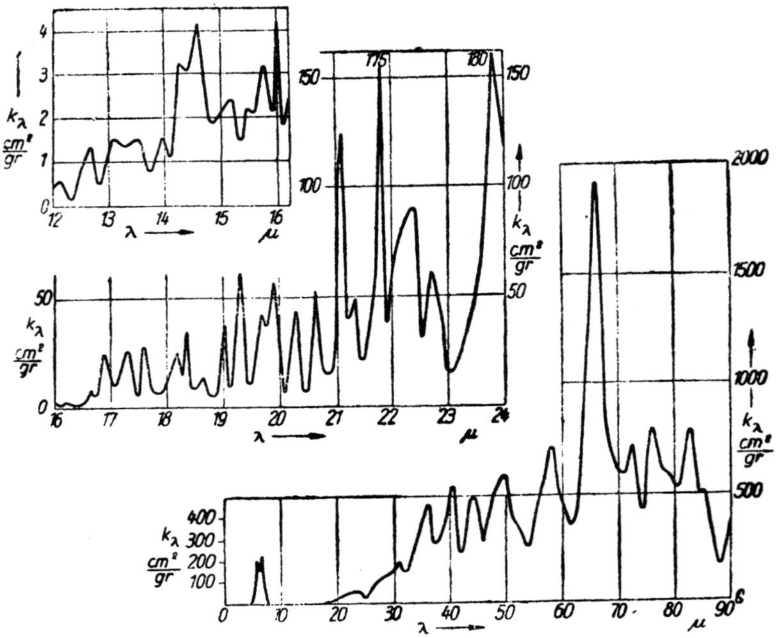

Bild 39. Wasserdampf-Absorptionsspektrum (im Laboratorium gemessen).

Ordinaten $k\lambda$: Absorptionskoeffizient [cm²/gr]
Abszissen λ: Wellenlänge in μ
Kurve rechts unten: Vollständiges Spektrum von 4μ bis 90μ
Kurve links oben: Spektrum von 12μ bis 16μ
Mittlere Kurve: Spektrum von 16μ bis 24μ

Stufenspektrum: Deshalb braucht man bei den Strahlungsrechnungen nicht jede Wasserdampfbande besonders zu berücksichtigen, sondern kann ein „Stufenabsorptionsspektrum" verwenden, wie es im Bild 40 dargestellt ist. Hier tritt $k\lambda$ nur mit ganzen Zehnerpotenzen auf und berücksichtigt auch die *Kohlensäure*, welche zwischen 13μ und 16μ so stark absorbiert, daß atmosphärische Schichten von mehr als 10 mb Mächtigkeit diese Wellenlängen nicht durchlassen: Wir rechnen nach Bild 40 so, als ob nur der Wasserdampf absorbiert, schreiben aber diesem (mit Rücksicht auf die Kohlensäure) zwischen 13μ und 16μ eine so starke Absorption k_λ zu, daß diese Wellen stets als total absorbiert gerechnet werden. Der dadurch entstehende Fehler ist in allen praktischen Fällen gering [51 § 5c/d].

Die **Emission einer isothermen Luftschicht** mit dem Wasserdampfgehalt w kann man nach Bild 40 in sieben Teilbeträgen berechnen. Zu jeder Stufe (C, D, H, U, V, W, K) des Absorptionskoeffizienten (k_C bis k_K) gehört nach (145) je eine Absorptionsschichtdicke (s_C bis s_K) und nach Tabelle 7 bzw. (143) je ein Absorptionsfaktor (a_C bis a_K). Desgleichen gehört zu den Wellenlängen je einer Stufe (C bis K) je ein Teilbetrag der Schwarzemission (E_C bis E_K), welcher von der Temperatur abhängt und in Tabelle 6 (S. 122) zahlenmäßig angegeben ist [51, § 6a]. Nach (144) ergibt sich dann die Emission der isothermen Luftschicht als Summe von sieben Produkten ($a_C \cdot E_C$ bis $a_K \cdot E_K$).

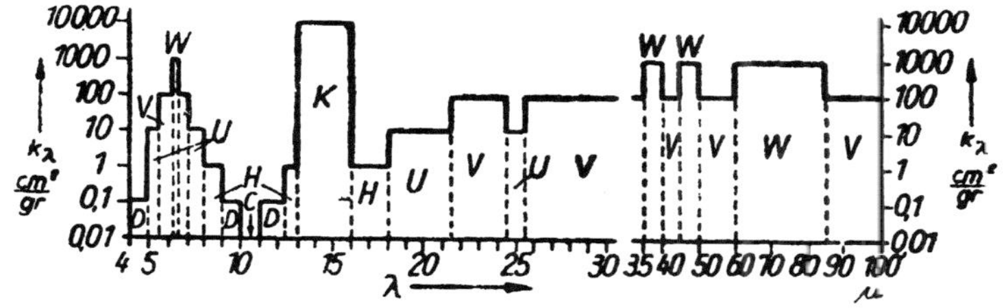

Bild 40. Vereinfachtes Absorptionsspektrum (Stufenspektrum) für Wasserdampf-Kohlensäure.

Ordinate k_λ: Wasserdampf-Absorptionskoeffizient [cm²/gr] in Zehnerpotenzen
Abszisse λ: Wellenlänge in μ (links breitere, rechts engere Skala)

C	Nicht absorbierter Bereich	$k_C = 0{,}01$	[cm²/gr]
D	Durchlässiger Bereich	$k_D = 0{,}1$	„
H	Halbdurchlässiger Bereich	$k_H = 1$	„
U	Undurchlässiger Bereich	$k_U = 10$	„
V	Undurchlässiger Bereich	$k_V = 100$	„
W	Undurchlässiger Bereich	$k_W = 1000$	„
K	Kohlensäurebereich	$k_K = 10000$	„

Emissionsrechenblatt (Bild 41): Nichtisotherme Schichten zerlegt man, wie bereits oben (S. 123) bemerkt, in zahlreiche dünne Teilschichten; letztere werden als isotherm behandelt. Die Rechnung [51, § 6c] ist sehr kompliziert, aber aus Bild 41 kann ihr Ergebnis für alle vorkommenden Fälle entnommen werden; jede Emission (isothermer oder nichtisothermer Luftschichten) stellt sich im Bild 41 als **Flächeninhalt** dar. Denn nach dem Kirchhoffschen Gesetz (Gl. (142), S. 123), ist die Emission gleich dem Produkt einer Schwarzemission E mit einem Absorptionsfaktor a. Der letztere tritt (für 0°C) im Bild 41 als Ordinatenwert a_0 auf (rechte Skala), die erstere als Abszissenwert E (untere Skala); ihr Produkt ist stets eine Fläche. Die linke Ordinatenskala enthält den Wasserdampf w [gr/cm²], der in der Atmosphäre zwischen irgend einem Niveau der emittierenden Schicht und dem „Austrittniveau" ($w = 0$) der berechneten Strahlung liegt. Wir nennen diesen Ordinatenwert kurz das „Wasserdampfniveau" w. Die krummen Koordinatenlinien sind Isothermen (Temperaturwert in °C angeschrieben). Nur die 0°-Isotherme ist im Bild 41 geradlinig, um die Emission einer 0°-isothermen Schicht besonders einfach darzustellen (mit dem Absorptionsfaktor a_0 der rechten Skala). Mangels Raum verzichten wir auf Beweise zugunsten einer ausführlichen Gebrauchsanweisung in acht Beispielen [51, § 6d]:

1. Beispiel: *0°-isotherme unendlich dicke Wasserdampfschicht.* Die Emissionsfläche liegt im Bild 41 *links* von der 0°-Isotherme: das Rechteck mit der Grundlinie $E = 0{,}459$ und der Höhe $a_0 = 1{,}0$. Da nämlich die unendlich dicke Wasserdampfschicht schwarz absorbiert (nichts durchläßt), ist ihre Emission gleich der Schwarzemission $E = 0{,}459$ [cal · cm⁻² · min⁻¹] (vgl. dazu Tabelle 6, S. 122).

2. Beispiel: *0°-isotherme Wasserdampfschicht $w = 0{,}02$* [gr/cm²]. Die Emissionsfläche im Bild 41 ist das Rechteck mit der Grundlinie $E = 0{,}459$ [cal · cm^{-2} · min^{-1}] und der Höhe $a_0 = 0{,}49$ (rechte Skala), welche zum Wasserdampfgehalt $w = 0{,}02$ [gr/cm²] (linke Skala) gehört. Dieses Rechteck liegt links von der 0°-Isotherme und unter dem Wasserdampfniveau $w = 0{,}02$; die Emission beträgt $e = E \cdot a_0 = 0{,}459 \cdot 0{,}49 = 0{,}22$ [cal · cm^{-2} · min^{-1}]. Der Ordinatenwert a_0 bedeutet nämlich denjenigen Bruchteil der 0°-Schwarzemission, welcher in der Wasserdampfschicht w absorbiert wird. Nach Satz 46 (S. 123) wird derselbe Bruchteil *emittiert*.

3. Beispiel: *Emission des Erdbodens am 6. 8. 38, 8 Uhr in Hamburg* bei der Bodentemperatur $T = +13$°C. Da der Erdboden schwarz emittiert, kann man ihn im Bild 41 ersetzen durch eine unendlich dicke isotherme Wasserdampfschicht ($w = \infty$)

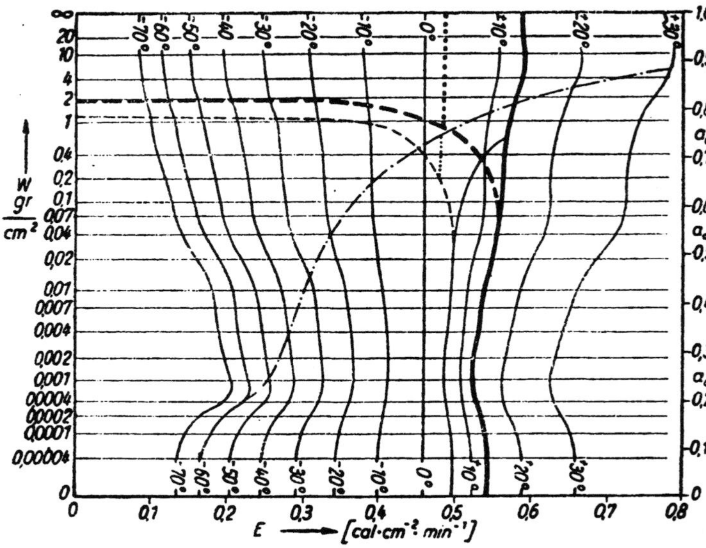

Bild 41. Strahlungsrechenblatt für Wasserdampf und Kohlensäure.

Abszisse E (untere Skala): Schwarzemission cal · cm⁻² · min⁻¹
Ordinate w (linke Skala): Wasserdampfniveau gr/cm²
Ordinate a_0 (rechte Skala): Absorptionsfaktor der 0°-Schwarzemission
Die Flächengröße ($E \cdot a_0$) gibt die Wasserdampf-Kohlensäure-Emission an
Krumme Koordinatenlinien (aufsteigend). Isothermen, Temperatur in °C oben und unten angeschrieben
Fett ausgezogene Kurve: Isotherme der Bodentemperatur + 13°C (Hbg. 6. 7. 38)
Fett gestrichelte Kurve: Temperatur im Wasserdampfniveau w über dem Erdboden (Hbg. 6. 7. 38)
Dünn ausgezogene Kurve: Temperatur im Wasserdampfniveau w unter dem 900-mb-Niveau (Hbg. 6. 7. 38)
Dünn gestrichelte Kurve: Temperatur im Wasserdampfniveau w über dem 900-mb-Niveau (Hbg. 6. 7. 38)
Punktiert: Isotherme der Wolkengrundfläche + 2,5°C (Hbg. 6. 7. 38)
Strichpunktierte Kurve: Temperatur im Wasserdampfniveau w unter dem Außenrand der Atmosphäre

derselben Temperatur (+ 13°C). Ihre Emissionsfläche liegt im Bild 41 zwischen den Linien $w = 0$ und $w = \infty$ und wird rechts durch die (fett ausgezogene) + 13°-Isotherme begrenzt, welche zwischen der 10°- und 20°-Isotherme interpoliert ist. Diese Fläche ist gleich dem Rechteck mit der Grundlinie $E = 0{,}55$ und der Höhe $a_0 = 1$. Mithin beträgt die Emission $e = 0{,}55$ [cal · cm⁻² · min⁻¹]. Diesen Wert könnte man auch direkt nach dem Gesetz von S t e f a n - B o l t z m a n n Gl. (141) (S. 122) berechnen. Im Bild 41 kann die 13°-Emission deswegen nicht als Rechteck erscheinen, weil der (rechte) Ordinatenwert a_0 nicht den absorbierten Bruchteil einer 13°-Schwarzemission bedeutet, sondern denjenigen einer 0°-Schwarzemission. Dasselbe gilt für alle isothermen Emissionen außer der 0°-Emission. Dennoch gilt die linke w-Skala für alle Isothermen.

4. Beispiel: *Gegenstrahlung der Atmosphäre am 6. 7. 38 in Hamburg unter dem unbewölkten Teil des Himmels* (Emission einer nichtisothermen Wasserdampfschicht). Aus der aerologischen Messung Bild 3 (S. 13) bestimmen wir zunächst für die Haupt-Druckniveaus (von 100 zu 100 mb) die *darunter* befindliche Wasserdampfmasse w, also die Wasserdampfmasse, welche zwischen dem Erdboden und dem betreffenden Druckniveau in einer vertikalen Säule von 1 cm² Querschnitt vorhanden ist. Ferner entnehmen wir aus Bild 3 (S. 13) die Temperaturen T dieser Hauptniveaus und erhalten somit zu jedem „Wasserdampfniveau" w die zugehörige Temperatur T.

Diese Zuordnung ist im Bild 41 als fett gestrichelte Kurve eingetragen. Unterhalb $w = 0,07$ fällt sie praktisch mit der $+ 13^0$—Isotherme zusammen, oben endigt sie mit $w = 1,9$ [gr/cm^2]; dieses ist nämlich der gesamte Wasserdampf aller Atmosphärenschichten am 6. 7. 38 in Hamburg. Die Emissionsfläche liegt im Bild 41 unterhalb der Linie $w = 1,9$ (entsprechend dem zweiten Beispiel), wird aber auf ihrer rechten Seite nicht durch eine Isotherme begrenzt, sondern durch die fett gestrichelte Kurve. Diese rechte Grenzlinie gibt für jedes Wasserdampfniveau (zwichen $w = 0$ und $w = 1,9$) die zugehörige Temperatur an (interpoliert zwischen den Isothermen). Im „Austrittniveau" $w = 0$ (am Erdboden) tritt die Strahlung aus der emittierenden Schicht heraus; hier herrscht die bodennahe Temperatur $+ 13^0$C. Bis zum Niveau $w = 0,07$ (bis etwa 100 m über dem Erdboden) ändert sich die Temperatur kaum; erst darüber zweigt die fett gestrichelte Kurve nach links ab von der fett ausgezogenen Boden-Isotherme $+ 13^0$C (entsprechend der geringeren Temperatur höher gelegener Teilschichten). Z. B. liegt zwischen dem Niveau 1700 m und dem Erdboden der Wasserdampf $w = 1,1$ [gr/cm^2]; in 1700 m herrscht die Temperatur 0^0 C. Daher geht die fett gestrichelte Kurve durch diesen Punkt ($w = 1,1$; $T = 0^0$). Die Emissionsfläche wird also zwischen $w = 0$ und $w = 0,07$ durch die (fett ausgezogene) $+ 13^0$ Isotherme begrenzt, zwischen $w = 0,07$ und $w = 1,9$ durch die (fett gestrichelte) Temperaturkurve. Wenn man diese Fläche ausmißt, erhält man die Gegenstrahlung $e = 0,42$ [cal · cm^{-2} · min^{-1}]. Sie ist nämlich gleich dem Rechteck mit der Grundlinie $E = 0,51$ und der Höhe $a_0 = 0,82$.

5. Beispiel: *Gegenstrahlung in Hamburg am 6. 7. 38, 8 Uhr unter dem bewölkten Teil des Himmels.* Die Grundfläche der Wolken liegt 1400 m hoch im Wasserdampfniveau $w = 0,95$ [gr/cm^2] (Wasserdampfmasse zwischen dem Erdboden und der Wolkengrundfläche) mit der Wolkentemperatur $T = + 2,5^0$C. Bis zu diesem Punkt ($w = 0,95$; $T = + 2,5^0$C) gilt also jetzt dieselbe Temperaturkurve wie im vierten Beispiel. Aber alle höher gelegenen Schichten fallen für die Emission aus, weil ihre Strahlung durch die Wolkendecke nicht durchdringt. Statt dessen emittiert die Wolke selbst schwarz mit $+ 2,5^0$C, d. h. sie kann im Bild 41 ersetzt werden durch eine unendlich dicke $2,5^0$-isotherme Wasserdampfschicht. Zwischen $w = 0,95$ und $w = \infty$ wird also jetzt die Emissionsfläche begrenzt durch die punktierte Isotherme $+ 2,5^0$C, sonst (zwischen $w = 0$ und $w = 0,95$) ist sie dieselbe wie im vierten Beispiel. Wenn man die Fläche ausmißt (in ein Rechteck verwandelt), erhält man $e = 0,52$ [cal · cm^{-2} · min^{-1}].

6. Beispiel: *Emission in den Weltraum, wenn die oberste Wolkenoberfläche die Temperatur — 10^0C hat.* Diese Emission kommt (ebenso wie im fünften Beispiel) aus einer Wasserdampfschicht und einer abschließenden schwarzen Wolkenfläche. Die Strahlung tritt aber jetzt nicht am Erdboden heraus, sondern am Außenrand der Atmosphäre; hier liegt also jetzt das Austrittniveau $w = 0$, und w nimmt in der Atmosphäre abwärts zu. Daher zeigt diese Temperaturkurve (strichpunktiert im Bild 41) mit wachsendem w zunehmende Temperatur.

Da der Wasserdampfgehalt der Luft am meisten von der Temperatur abhängt, ist diese (strichpunktierte) Temperaturkurve *in allen Breiten und Jahreszeiten und bei allen Wetterlagen nahezu die gleiche.* Z. B. enthalten alle atmosphärischen Schichten oberhalb desjenigen Höhenniveaus, in welchem die Temperatur — 10^0C herrscht, stets ungefähr $w = 0,18$ [gr/cm^2], alle Schichten oberhalb des 0^0-Niveaus $w = 0,5$ [gr/cm^2] usw. (Bild 41). Diese Werte schwanken zwar um $\pm$ 50% (je nach Wetterlage, Breite und Jahreszeit), doch macht diese Schwankung für die Lage der (strichpunktierten) Temperaturkurve nicht viel aus [51, § 8].

Die *Stratosphäre* trägt nur wenig zur Emission bei, so daß ihre Temperatur belanglos ist. Im Bild 41 ist sie mit — 60^0C angenommen.

Die Emission in den Weltraum, soweit sie von wolkenfreien Schichten ausgeht, wird also für alle Breiten und Jahreszeiten (näherungsweise) durch eine Fläche dargestellt, welche im Bild 41 stets durch die strichpunktierte Kurve abgegrenzt ist. Derjenige Teil der Emission, welcher von der obersten Wolkenoberfläche ausgeht, liegt im Bild 41 (als Fläche) links von der Isotherme der Wolkenoberflächentemperatur (— 10^0).

Unsere gesamte Emissionsfläche liegt daher zwischen $w = 0$ und $w = 0{,}18$ links von der strichpunktierten Kurve, zwischen $w = 0{,}18$ und $w = \infty$ links von der -10^0-Isotherme. Wenn man diese Fläche ausmißt, erhält man $e = 0{,}31$ [cal · cm^{-2} · min^{-1}].

Die Emission in den Weltraum hängt, wie das vorstehende Beispiel zeigt, praktisch nur von der *Temperatur der obersten Wolkenoberfläche* ab, kaum von dem Zustand der wolkenfreien Schichten. Wenn keine Wolken da sind, vertritt der Erdboden die oberste Wolkendecke. Da der Erdboden stets wärmer ist als die ihn bedeckenden Wolken, ist also die Emission in den Weltraum am stärksten bei wolkenlosem Himmel, am geringsten bei hohen (d. h. kalten) Wolkendecken.

Daher kann man mit Hilfe der strichpunktierten Kurve des Bildes 41 die Emission in den Weltraum als *Funktion der Wolkenoberflächen- bzw. Erdbodentemperatur* angeben, wobei immer die oberste Wolkendecke gemeint ist. Doch darf man dabei nicht vergessen, daß dichte Dunstschichten ebenso absorbieren und emittieren wie Wolkendecken. Die nachstehende Tabelle 8 zeigt die Funktionswerte e, mit Rücksicht auf das *stratosphärische Ozon* [63] bei Temperaturen $T \geq -20^0$ ein wenig (maximal $5\,^0/_0$) nach unten korrigiert [51, § 9d].

Zahlentafel 8. Emission e [10^{-3} · cal · cm^{-2} · min^{-1}] in den Weltraum, abhängig von der Temperatur T [^{0}C] der obersten Wolkenoberfläche (bzw. Erdoberfläche)

T	-60^0	-50^0	-40^0	-30^0	-20^0	-10^0	0^0	$+10^0$	$+20^0$	$+30^0$
e	170	200	230	250	277	303	326	345	363	376

Satz 50: Die Emission in den Weltraum hängt fast gar nicht vom Wasserdampfgehalt und ebensowenig von der Temperatur der dunst- und wolkenfreien Atmosphärenschichten ab, dagegen sehr von der Temperatur der obersten schwarzen Oberfläche (Dunst- oder Wolkenschicht bzw. Erdboden) (Tabelle 8).

Die effektive Ausstrahlung des Erdbodens ist, wie bereits oben (S. 121) bemerkt, gleich der Differenz L_B zwischen der Emission des Erdbodens E_B und der Gegenstrahlung e. Am 6. 7. 38 um 8 Uhr hat also Hamburg eine effektive Ausstrahlung, welche im Bild 41 (S. 128) als Fläche dargestellt, oberhalb der fett gestrichelten und links von der fett ausgezogenen Kurve liegt, und zwar gilt im unbewölkten Gebiet diese ganze Fläche $L_B = 0{,}13$ [cal · cm^{-2} · min^{-1}], im bewölkten Gebiet nur derjenige Teil von ihr, welcher rechts von der fett punktierten $+2{,}5^0$-Isotherme gelegen ist, $L_B = 0{,}03$ [cal · cm^{-2} · min^{-1}]. Im bewölkten Gebiet ist also die effektive Ausstrahlung beträchtlich kleiner als im unbewölkten; Nachtfröste sind daher vorwiegend bei klarem Himmel zu erwarten. Auch diesbezüglich kann der atmosphärische Dunst denselben Einfluß wie Wolken ausüben, [51, § 9a/b].

Strahlungsstrom: Durch jedes Niveau der Troposphäre geht eine abwärts gerichtete Strahlung, die von den oberhalb gelegenen Wasserdampf- und Wolkenmassen emittiert wird, und eine aufwärts gerichtete Strahlung, die von den unterhalb gelegenen Schichten kommt. (Am Erdboden nennt man die erstere „Gegenstrahlung“, die letztere „Emission des Erdbodens“). Die Differenz L der aufwärts und abwärts gerichteten (langwelligen) Strahlung bezeichnen wir (in jedem Niveau) als „Strahlungsstrom“. Z. B. ist der Strahlungsstrom L am Erdboden dessen effektive Ausstrahlung L_B [51, § 6 und 9a].

7. Beispiel: Bild 41 enthält eine Bestimmung des *wolkenlosen Strahlungsstromes vom 6. 7. 38, 8 Uhr im 900-mb-Niveau über Hamburg*. Nach der aerologischen Messung (Bild 3, S. 13) befand sich oberhalb des 900-mb-Niveaus der Wasserdampf $w_o = 1{,}1$ [gr/cm²], unterhalb dieses Niveaus $w_u = 0{,}8$ [gr/cm²]. Die Temperaturkurve der oberen Wasserdampfschicht w_o ist im Bild 41 dünn gestrichelt, diejenige von w_u dünn ausgezogen. Da im 900-mb-Niveau $+6^0$C herrschen, beginnen beide Kurven bei $w = 0$ mit der $+6^0$-Isotherme. Erst bei $w = 0{,}02$ trennen sie sich merklich; abwärts nimmt die Temperatur zu bis zum Erdboden, den die dünn ausgezogene Kurve bei $w = 0{,}8$ erreicht; aufwärts nimmt die Temperatur ab auf der dünn gestrichelten Kurve. Im Bild 41 liegt also die Fläche der *aufwärts* gerichteten Strahlung zwischen $w = 0$ und $w = 0{,}8$ links von der dünn ausgezogenen Temperaturkurve, zwischen $w = 0{,}8$ und $w = \infty$ links von der fetten Erdboden-Isotherme ($+13^0$). Die Emissionsfläche der abwärts gerichteten Strahlung liegt zwischen $w = 0$ und $w = 0{,}02$ links von der dünn ausgezogenen $+6^0$-Isotherme, zwischen $w = 0{,}02$ und $w = 1{,}1$ links von der dünn gestrichelten Temperaturkurve. Die Fläche des *Strahlungsstroms* im 900-mb-Niveau befindet sich also oberhalb der dünn gestrichelten und dünn ausgezogenen Temperaturkurven und links von der fett ausgezogenen Bodenisotherme. Wenn man diese Fläche ausmißt, erhält man den unbewölkten Strahlungsstrom: $L = 0{,}15$ [cal · cm^{-2} · min^{-1}].

8. Beispiel: Unter dem bewölkten Teil des Himmels ist nicht nur die effektive Ausstrahlung des Erdbodens, sondern auch der Strahlungsstrom im 900-mb-Niveau geringer als unter dem klaren Himmel. Dieser Strahlungsstrom L_N wird im Bild 41 durch denjenigen Teil der Strahlungsstromfläche des siebenten Beispiels dargestellt, welcher rechts von der (dünn und fett) punktierten $+2{,}5^0$-Isotherme liegt (Wolkengrundflächentemperatur $+2{,}5^0$C): $L_N = 0{,}03$ [cal · cm^{-2} · min^{-1}].

Satz 51: Als „Strahlungsstrom“ bezeichnet man den vertikalen Energietransport der diffusen langwelligen Strahlung, also die Differenz zwischen der aufwärts und abwärts gerichteten Emission. In der Troposphäre ist der Strahlungsstrom aufwärts gerichtet und nimmt aufwärts zu.

Strahlungsbilanz und Strahlungsgleichgewicht (langwellig): Bild 41 zeigt, daß die effektive Ausstrahlung des Erdbodens (fett umrandete Fläche oberhalb der gestrichelten Kurve, Differenz zwischen Beispiel 3 und 4) kleiner ist als der Strahlungsstrom im 900-mb-Niveau (dünn umrandete Fläche) und zwar sehr erheblich kleiner bei wolkenlosem Himmel, nur wenig kleiner unter der Wolkendecke. Die Luftschicht zwischen dem Erdboden und dem 900-mb-Niveau erhält also von unten her weniger Strahlungsenergie, als sie nach oben abgibt; sie hat eine negative „Strahlungsbilanz“. Man kann sich leicht davon überzeugen, daß dasselbe für eine Schicht zwischen 900 und 800 mb gilt usw. Alle dunst- und wolkenfreien Schichten der Troposphäre haben stets negative (langwellige) Bilanz; nur zwischen zwei gleich temperierten Wolkenschichten tritt gelegentlich einmal langwelliges „Strahlungsgleichgewicht“ (d. h. die Bilanz Null) auf. Dieser Sonderfall wurde im Gedankenexperiment S. 122 zur Ableitung des Kirchhoffschen Gesetzes vorgeführt, er hat aber für den atmosphärischen Wärmehaushalt wenig Bedeutung [51, § 6e].

27. Dunst- und Wolkenschichten.

Bilanz: Jede Wolkenschicht hat langwellig negative Bilanz, wenn über ihr keine weiteren Wolken- oder Dunstmassen vorhanden sind. Dieser Sachverhalt ist im Bild 41 zu erkennen. Unterhalb einer Wolkenschicht ist nämlich der (aufwärts gerichtete) Strahlungsstrom gering, weil die (schwarz emittierende) Wolkengrundfläche eine kräftige abwärts gerichtete Emission besitzt (achtes Beispiel, S. 131). Dagegen ist der Strahlungsstrom oberhalb der Wolkenschicht sehr stark, wenn darüber keine weitere schwarz emittierende Schicht liegt (wie im siebenten Beispiel, S. 131). Die jeweils oberste Wolken- oder Dunstschicht der Troposphäre gibt also einen großen Teil derjenigen Wärme her, welcher in den Weltraum herausgestrahlt wird. Wenn die Troposphäre weder Dunst noch Wolken besitzt, muß die Erdoberfläche diese Wärme abgeben (durch effektive Ausstrahlung).

Beispiel: Am 6. 7. 38, 8 Uhr war ein Teil (6/10) des Hamburger Gebiets bedeckt mit einer Wolkenschicht von 1400 bis 2600 gdm (zwischen 850 und 730 mb); darüber lagen keine Wolken. Wenn wir voraussetzen, daß außer diesen beobachteten Wolken kein erheblicher Dunst auftrat (wahrscheinlich ist diese Voraussetzung nicht richtig), so können wir mit dem Rechenblatt des Bildes 41 die beiden Strahlungsströme L im 730-mb-Niveau und 850-mb-Niveau bestimmen (wie S. 131 im siebenten oder achten Beispiel) und erhalten die Bilanz dieser Schicht als Differenz ΔL. Es ergibt sich

a) für den *unbewölkten* Teil:

$$\Delta L = L_{730} - L_{850} = 0{,}18 - 0{,}16 = 0{,}02 \ [\mathrm{cal \cdot cm^{-2} \cdot min^{-1}}], \qquad (146)$$

b) für den *bewölkten* Teil:

$$\Delta L_N = L_{N730} - L_{N850} = 0{,}13 - 0{,}03 = 0{,}10 \ [\mathrm{cal \cdot cm^{-2} \cdot min^{-1}}]. \qquad (147)$$

Dieselbe Troposphärenschicht (zwischen 1400 und 2600 gdm) muß also als Wolken- oder Dunstschicht fünfmal so viel Wärme hergeben wie als wolken- und dunstfreie Schicht.

Grundfläche und Oberfläche: In (147) bedeutet $L_{N730} = 0{,}13$ $[\mathrm{cal \cdot cm^{-2} \cdot min^{-1}}]$ die „effektive Ausstrahlung" (nach oben) der Wolkenoberfläche; eine dünne Teilschicht der Wolke, welche an ihrer oberen Grenze liegt, muß diese Wärme hergeben. Dagegen ist $L_{N850} = 0{,}03$ $[\mathrm{cal \cdot cm^{-2} \cdot min^{-1}}]$ die „effektive Einstrahlung" (von unten) in die Wolkengrundfläche; d. h. eine dünne Teilschicht an der Untergrenze der Wolke nimmt diese Wärme auf. Die Wolkenschicht wird also durch langwellige Strahlung unten ein wenig geheizt, oben stark gekühlt; die Kühlung oben ist allerdings nur dann sehr stark, wenn keine höheren Wolken- oder Dunstmassen darüber liegen.

Deshalb unterscheiden wir drei Teile der Wolken- oder Dunstschicht:

a) die *obere „Strahlungsrandschicht"* mit *negativer* langwelliger Bilanz,

b) das *„Strahlungsinnere"* mit langwelligem *Strahlungsgleichgewicht,*

c) die *untere „Strahlungsrandschicht"* mit *positiver* langwelliger Bilanz.

Die beiden „Randschichten" sind gerade so dick, daß sie das „Strahlungsinnere" gegen eine von außen eindringende Strahlung abschirmen;

praktischerweise definiert man die „Randschicht“ so, daß sie 96% absorbiert und daher auch 96% der Schwarzemission emittiert. Bei kompakten Wolken umfaßt die „Randschicht“ nur etwa 5 mb, bei Dunstschichten ein Vielfaches mehr; ein „Strahlungsinneres“ kommt wahrscheinlich nur in Wolken sowie in dicken und dichten Dunstschichten vor [51, § 7].

Satz 52: Dunst- und Wolkenschichten haben stark negative langwellige Bilanz in der oberen, schwach positive in der unteren „Randschicht“ und langwelliges Strahlungsgleichgewicht im „Inneren“ (zwischen total absorbierenden Randschichten), sofern ein solches vorhanden ist.

Grauabsorption: Bei genauerer Betrachtung können wir die Dunstschichten und lichteren Wolkenschichten (cist, ast usw.) nicht als „schwarz“ voraussetzen, sondern müssen berücksichtigen, daß sie für langwellige Strahlung mehr oder weniger durchlässig sind. Aber als „grau“ können wir sie ansehen, d. h. wir können (mangels genauerer Kenntnis) voraussetzen, daß die Absorption in allen „langen“ Wellen (zwischen 4μ und 100μ) gleich stark ist. Dies gilt natürlich nur für die Absorption in dem lockeren Gitter der Wolkentröpfchen (Dunsttröpfchen, Eisteilchen usw.), aus dem die „Wolke“ oder der „Dunst“ besteht, nicht aber für den dazwischen vorhandenen Wasserdampf und die Kohlensäure, die außerdem selektiv absorbieren.

Grauemission: Aus der Grauabsorption folgt, daß das Emissionsspektrum ebenfalls „grau“ ist. Wenn alle Wellenlängen (zwischen 4μ und 100μ) gleich stark absorbiert werden mit dem „grauen“ Absorptionsfaktor ag, so wird auch derselbe Bruchteil ag der Schwarzemission emittiert (Satz 46, S. 123). Z. B. eine isotherme Dunstschicht, welche in allen „langen“ Wellen (4μ bis 100μ) 50% absorbiert, emittiert auch 50% der Schwarzstrahlung; ihr Emissionsspektrum ist also, wenn sie die Temperatur $+20°C$ hat, aus Bild 38c (S. 120) zu entnehmen, indem alle Ordinatenwerte der ausgezogenen Kurve halbiert werden; wenn sie die Temperatur $-20°C$ hat, ebenso aus Bild 38d. Auch dies kann natürlich nur für die Emission des Tröpfchen- oder Eisteilchen-Gitters gelten, nicht aber für die außerdem vorhandene Emission des Wasserdampfs und der Kohlensäure.

Die **„Absorptionsschichtdicke“**, welche S. 124 definiert wurde, setzt sich also in den Dunst- und Wolkenschichten aus zwei Komponenten additiv zusammen, aus der „grauen“ Schichtdicke s_g des Gitters und der „selektiven“ Schichtdicke s_λ des Wasserdampfs, welch letztere wir nach (145) mit Hilfe des Stufenspektrums Bild 40 berechnen. Die „graue“ Schichtdicke s_g der Wolken und des Dunstes kann bisher nur größenordnungsmäßig geschätzt werden; in kompakten Wolken ist sie größer als die Wasserdampfschichtdicke s_v des Wellenlängenbereichs V im Stufenspektrum Bild 40 (wahrscheinlich sogar größer als s_w); *Dunstschichten* treten mit allen kleineren Größenordnungen „grauer“ Schichtdicke s_g auf. Wesentlich ist also die Strahlungswirkung der Wolken und des Dunstes nur in denjenigen Wellenlängen, welche von Wasserdampf und Kohlensäure weniger stark absorbiert werden, d. h. vor allem in den Wellenlängenbereichen C, D und H des Stufenspektrums (Bild 40, S. 127). Insbesondere im Bereich C und D darf man meist so rechnen, als ob außer Wolken und Dunst keine Absorber und Emissoren vorhanden sind [51, § 6a und 7d].

Schwarzbedeckungsrechnung: Diejenigen Wolken- oder Dunstschichten, welche nur „grau“ (nicht schwarz) absorbieren und emittieren, können wir im Haushalt so rechnen, als ob sie teilweise schwarz und teilweise gar nicht absorbieren. Z. B. ersetzt man in der Haushaltrechnung eine Dunstschicht, die nur 30% absorbiert ($ag = 0{,}3$) und den ganzen Himmel bedeckt, durch eine kompakte (schwarz absorbierende) Bewölkung, die nur 30% des Himmels bedeckt. Diese „Schwarzbedeckungsrechnung“ vereinfacht den Haushalt, ohne ihn wesentlich zu fälschen. [51, § 7f].

Temperaturinversionen: Oft bewirkt die effektive Ausstrahlung des Erdbodens bei Nacht eine starke Abkühlung der bodennahen Luftschicht derart, daß morgens die Temperatur am Boden niedriger als in etwa 500 m Höhe ist. Da dieser vertikale Temperaturgradient dem normalen (aufwärts gerichteten) Temperaturgefälle entgegengesetzt ist, nennt man diese Erscheinung „Temperaturinversion“ („Bodeninversion“).

Noch häufiger als am Erdboden findet man Temperaturinversionen über Wolkenoberflächen. Sie sind aber nur dann besonders kräftig (bis zu 10 °C Temperaturzunahme und mehr), wenn darüber ein heiterer Himmel liegt. Bereits dieser Befund läßt den Schluß zu, daß Temperaturinversionen durch *effektive Ausstrahlung* (auch aus Wolkenoberflächen) entstehen [51, § 7e].

Ein einfaches **Gedankenexperiment** möge die Entstehung einer Temperaturinversion erläutern: Anfänglich sei eine Wolkenschicht *ohne* Temperaturinversion vorhanden. Im Bild 42a zeigt die dünn ausgezogene Gerade den anfänglichen Gang der Temperatur mit der Höhe; schraffiert

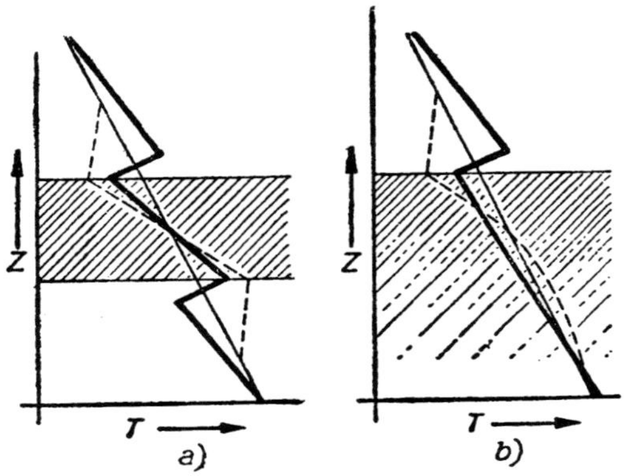

Bild 42. Entstehung einer Temperaturinversion.

Ordinate z: Höhe (mit beliebigem Nullpunkt)
Abszisse T: Temperatur
Schraffiert: Dunstschicht
Dünn ausgezogene Temperaturkurve: Anfangszustand
Dünn gestrichelte Temperaturkurve: Gedachter Zwischenzustand
Fett ausgezogene Temperaturkurve: Stationärer Endzustand.

ist hier die Wolke, welche nach Satz 52 (S. 133) in ihrer unteren Randschicht durch effektive Einstrahlung erwärmt und in der oberen Randschicht durch effektive Ausstrahlung gekühlt wird [64]. Wenn die effektive Strahlung oben und unten gleich stark wäre, müßte die Temperaturkurve sich oben und unten gleich stark verändern (um 1 bis 5 °C), oben im Sinne der Abkühlung, unten im Sinne der Erwärmung. Die gestrichelte Temperaturkurve des Bildes 42a wäre dann etwa der Strahlungseffekt einiger Stunden; eine Schicht von 50 mb Mächtigkeit verändert nämlich ihre Temperatur in 2 Stunden um rund 1 °C, wenn ihr 0,1 [cal · cm^{-2} · min^{-1}] entzogen oder zugeführt werden (dies ist die Größenordnung der effektiven Ausstrahlung).

Dieser gestrichelte Temperaturzustand des Bildes 42a bedeutet nun aber eine *Störung* des ursprünglich vorhandenen Gleichgewichts. Abseits der Wolke herrscht nach wie vor der anfängliche Zustand (dünn ausgezogene Kurve des Bildes 42a); am oberen Rand der Wolke ist daher jetzt die Luft kälter (und schwerer), am unteren Rande wärmer (und leichter) als es dem Gleichgewicht entspricht. Wenn der ursprüngliche Gleichgewichtszustand stabil war, müssen jetzt *Strömungen* entstehen, welche die Gleichgewichtsstörung vermindern, d. h. die zu kalte Luft oberhalb strebt jetzt abwärts (mit adiabatischer Erwärmung) die zu warme Luft unterhalb aufwärts (mit adiabatischer Abkühlung). Dabei schrumpft die ganze Wolkenschicht einschließlich ihrer oberen und unteren Nachbarschaft und fließt nach den Seiten auseinander. Außerdem entsteht innerhalb der Wolke ein kräftiger *Vertikalaustausch* infolge des feuchtlabilen Temperaturgradienten.

So entsteht im Bild 42a aus der gestrichelten Temperaturkurve die fett ausgezogene, ein *stationärer Endzustand,* in welchem die Strahlungs- und Strömungsvorgänge so aufeinander eingespielt sind, daß nunmehr keine Wärmestauungen und keine Veränderungen des Strömungssystems mehr auftreten: Innerhalb der Wolke geht die von unten eingestrahlte Wärme durch Konvektion (Vertikalaustausch) aufwärts; der vertikale Temperaturgradient ist darin nur wenig größer als feuchtadiabatisch (gerade so groß, daß die Konvektion stattfindet). Aus der Wolkenoberfläche wird die konvektiv zugeführte Wärme aufwärts abgestrahlt.

Die Störung des ursprünglichen Gleichgewichts ist im Endzustand auf ein Minimum reduziert; die fette Temperaturkurve des Bildes 42a weicht weniger von der dünn ausgezogenen ab als die gestrichelte.

Die **Oberflächen-Inversion** kann man bei fast allen Wolkendecken beobachten, dagegen nicht die Grundflächen-Inversion. Außerdem zeigt sich meistens unter der Wolkengrundfläche dichter Dunst. Die Wolkengrundfläche ist also nicht so scharf definiert, wie die Wolkenoberfläche; die erstere verkörpert einen allmählichen Übergang, die letztere dagegen eine scharfe Grenze. Auch wenn das *Auge* eine deutlich erkennbare Grundfläche sieht (scharf definiert für sichtbare Wellenlängen), unterscheiden sich Grund- und Oberfläche erheblich für *lange* Wellen: Die aufsteigenden Ströme unter den Wolken bringen viel Dunsttröpfchen mit; in den herabsinkenden Massen oberhalb der Wolke verdampfen die an sich schon spärlichen Dunstteilchen. Außerdem ist ohnehin die effektive Ausstrahlung aus der Oberfläche wesentlich stärker als die Einstrahlung in die Grundfläche (Satz 52, S. 133).

Aus beiden erwähnten Gründen entspricht Bild 42a in der Grundfläche nicht dem wirklichen Vorgang; diesen stellt vielmehr Bild 42b dar. Auch hier (im Bild 42b) meint die dünn ausgezogene Kurve den Anfangszustand, die gestrichelte einen Strahlungseffekt während etwa 2 bis 5 Stunden, der jedoch durch die auftretenden Strömungen in den fett ausgezogenen Endzustand abgeändert wird. Am unteren Rand der Wolke ist die „Strahlungsrandschicht", welche die (geringe) eingestrahlte Wärme aufnimmt, sehr mächtig (50 mb und mehr, oft bis zum Erdboden) und der Vertikalaustausch verhindert dort die Inversionsbildung. Dagegen konzentriert sich am oberen Rande die (starke) Wärmeausstrahlung auf eine kleine „Strahlungsrandschicht" (etwa 5 mb) und die darüber herabsinkenden (wolkenfreien) Luftmassen unterbinden den Vertikalaustausch, so daß hier die Inversion entsteht.

Entstehung der Dunstschichtung: Erfahrungsgemäß entstehen die Temperaturinversionen nicht an fertigen Wolkenschichten, sondern *gemeinsam* entwickeln sich eine scharfe obere Dunstgrenze und die darüber liegende Temperaturinversion. Untere Dunstgrenzen sind nur sehr selten zu beobachten; fast immer nimmt die Dichte des Dunstes aufwärts *allmählich* zu bis zur scharfen Obergrenze, über welcher die Temperaturinversion liegt.

Nach den vorstehenden Betrachtungen ist die gemeinsame Entstehung einer *oberen Dunstgrenze und Temperaturinversion* ohne weiteres verständlich: Durch die Inversion wird dem Vertikalaustausch eine Grenze gesetzt. Dadurch verschärft sich die obere Dunstgrenze. Diese verstärkt ihrerseits durch Strahlung die Inversion usw. Als Anfangszustand braucht also nur eine ganz geringfügige Dunstschichtung vorhanden zu sein; dann verstärken sich Dunstgrenze und Temperaturinversion gegenseitg, bis schließlich aus der Dunstschicht eine Stratocumulusdecke geworden ist.

Hochdruckgebiete begünstigen, Tiefdruckgebiete verhindern (erfahrungsgemäß) die Entstehung von Temperaturinversionen. Denn erstens findet man in Zyklonen (wenigstens auf ihrer „Vorderseite") *hohe Wolken und hohen Dunst,* welche die effektive Ausstrahlung tiefer Wolken vermindern, zweitens aber ist der großzügige *Vertikalaustausch* in den Zyklonen so stark, daß er solche (nur allmählich zustande kommenden) Strahlungswirkungen nicht zuläßt; drittens fördert die *vertikale Schrumpfung* der ganzen Troposphäre, welche in Hochdruckgebieten stattfindet („Reibungszirkulation", Teil I, S. 53), die oben beschriebene Ausbildung scharfer Schichtgrenzen.

Grenzflächen der Wetterluftmassen, welche im Wetterdienst eine große Rolle spielen, sind erfahrungsgemäß nur dann mit kräftigen Temperaturinversionen verbunden, wenn die obere Luftmasse (Warmluftmasse) abgleitet (sogenannte „Abgleitflächen"). Eine aufgleitende Warmluftmasse trennt sich normalerweise von der darunter liegenden Kaltluft nicht durch eine scharfe Temperaturinversion, sondern durch eine erheblich dicke Übergangsschicht (Mächtigkeit 50 bis 100 mb) mit geringem Temperaturgradient [51, § 7e].

Satz 53: Temperaturinversionen entstehen durch Zusammenwirken der effektiven Ausstrahlung aus Erd-, Wolken- oder Dunstoberflächen mit den dadurch hervorgerufenen Strömungsvorgängen.

X. Planetarische Bilanzen.

28. Erde einschließlich Atmosphäre.

Die Erde besitzt keine eigenen Energiequellen von Belang; sie bezieht ihre Energie ausschließlich von der Sonne. Zwar gibt es auch auf der Erde radioaktive Gesteine, welche fortwährend Wärme abgeben, doch ist diese Wärmequelle sehr schwach gegenüber der Sonnenstrahlung [65]. Die Erde hat also nur dann eine geordnete (stationäre) Wärmewirtschaft, wenn sie insgesamt (im Jahreslauf) ebensoviel *in* den Weltraum ausstrahlt, wie sie an Sonnenstrahlung (und eventuell auch diffuser Strahlung) *aus* dem Weltraum einnimmt. Diese Bilanz-Forderung ist unumgänglich im planetarischen Haushalt, weil die mittlere Jahrestemperatur konstant ist. Auch eine Abkühlung des Erdinnern kommt als Wärmequelle nicht in Frage, wie Tiefentemperatur-Messungen beweisen („geothermische Tiefenstufe") [51, § 12a].

Die Emission in den Weltraum wird mit Hilfe der Tabelle 8 (S. 130) berechnet entsprechend dem mittleren Bewölkungsgrad und der mittleren Wolkenoberflächentemperatur. Das Ergebnis dieser Rechnung [51, § 12a], welche die Wolkenhöhe in *drei Stufen* (hoher, mittelhoher und tiefer) berücksichtigt, ist in Tabelle 9, (Spalte 3) (S. 139) eingetragen. Dabei ist allerdings der Mangel an Beobachtungen eine Unsicherheitsquelle; wir wissen von den für diese Rechnung entscheidenden hohen Wolken (einschließlich Dunst) weder ihren Bedeckungsgrad noch ihre Oberflächentemperatur noch auch ihren grauen Absorptionsfaktor. Die Zahlenwerte e der Tabelle 9 beruhen daher mehr oder weniger auf einer *Schätzung* dieser Größen; diese Schätzung ist so angelegt, daß die errechneten Emissionswerte keinesfalls zu groß ausfallen. Man müßte sehr unwahrscheinliche Annahmen über die hohe Bewölkung (einschließlich Dunst) einführen, wenn die Emissionsrechnung nach Tabelle 8 (S. 130) noch geringere Zahlenwerte e liefern sollte als in Tabelle 9 (Spalte 3) eingetragen sind. Dennoch ergibt sich dadurch ein Emissionswert der ganzen Erde (unterste Zeile der Tabelle 9), welcher größer ist als die vereinnahmte Sonnenstrahlung $Q \cdot (1 - R/100)$ nach Tabelle 5 (S. 116).

Wärmeeinnahme: Diese Wärmeeinnahme (Tab. 5) kann also noch nicht die gesamte Wärmezufuhr zur Erde umfassen. Entweder haben wir in Tabelle 5 die mittlere Albedo R zu hoch gerechnet, oder die Erde erhält noch weitere Energie aus dem Weltraum, z. B. Korpuskularstrahlung oder diffuse Strahlungen [66] in der Größenordnung 2,5 % von Q. Die theoretische Klärung dieses Sachverhalts muß noch offen bleiben; man kann aber vermuten, daß der größte Teil dieses fehlenden Wärmebetrages irgendwie von der Sonne kommt und daher proportional Q ist. Wir begnügen uns daher, um die Bilanzforderung zu erfüllen, mit dem Korrekturzuschlag $0{,}025 \cdot Q$ auf der Einnahmeseite und berechnen die Strahlungseinnahme A in allen Zonen folgendermaßen:

$$A = Q \cdot \left(1 - \frac{R}{100}\right) + 0{,}025 \cdot Q. \qquad (148)$$

Dabei werden die Zahlenwerte Q und R aus Tabelle 5 (S. 116) entnommen. Das Ergebnis A steht in Spalte 4 der Tabelle 9.

Die Strahlungsbilanz S (Spalte 5) ist die Differenz zwischen der Einnahme A und Ausgabe e:

$$S = A - e. \qquad (149)$$

Es handelt sich also hier um die *gemeinsame Bilanz beider Strahlungsarten,* der kurzwelligen Sonnenstrahlung und der langwelligen irdischen Emission; ein *positiver* Zahlenwert S bedeutet *Überschuß,* ein *negativer* Wert S dagegen *Defizit* der Wärmeeinnahme [51, § 12a].

Satz 54: **Auf der Sommerhalbkugel polwärts von 55° und auf der Winterhalbkugel polwärts von 20° Breite strahlt die Erde mehr Wärme aus als sie einnimmt; zwischen diesen Breitengraden nimmt sie mehr ein als sie ausstrahlt.** (Tabelle 9).

Speicherung und advektive Abgabe: Die Spalte 6 enthält das Jahresmittel S_j der Strahlungsbilanz S (Winter und Sommer gemittelt); Überschüsse in tropischen und subtropischen, Defizit in gemäßigten und polaren Breiten. Die Jahres-Überschüsse S_j müssen advektiv (mit Luft- und Meeresströmungen) polwärts befördert werden, um dort das Defizit zu decken. Dagegen können die Wärmebeträge $S - S_j$, die den jahreszeitlichen Bilanz-Unterschied darstellen, entweder an Ort und Stelle (in der Zone) gespeichert oder advektiv (mit Luft- oder Meeresströmen) nach Defizitzonen abtransportiert werden. Die *Beobachtungen* zeigen, daß diese beiden Möglichkeiten etwa zu gleichen Teilen Berücksichtigung finden. Etwa die Hälfte von $S - S_j$ strömt advektiv aus der Zone heraus; die andere Hälfte bleibt darin als „*Wärmespeicherung*". Diese *dient im Sommer zur Temperaturerhöhung, Eisabschmelzung und Wasserdampfvermehrung, im Winter zur Temperatur- und Wasserdampfminderung sowie Eisvermehrung.*

Denjenigen Teil der Strahlungsbilanz S, welcher *gespeichert* wird, nennen wir S_p, denjenigen welcher die *Advektion* speist, S_a und berechnen diese beiden Größen folgendermaßen:

$$S_p = \frac{1}{2} \cdot (S - S_j); \qquad (150)$$

$$S_a = S_j + \frac{1}{2}(S - S_j). \qquad (151)$$

Die Werte S_p und S_a, welche sich ersichtlich zu S ergänzen, sind in den Spalten 7 und 8 der Tabelle 9 eingetragen. Positives S_p bedeutet gespeicherten Wärmeüberschuß, negatives gespeichertes Defizit. Positives S_a bedeutet advektive Wärmeabgabe an andere Zonen; negatives advektive Wärmeeinnahme aus anderen Zonen [51, § 12b].

Zahlentafel 9. Bilanz der Erde einschließlich Atmosphäre.

2. F Zonenfläche als Bruchteil der gesamten Erdoberfläche.
3. e langwellige Emission in den Weltraum.
4. A $= Q \cdot (1{,}025 - R/100)$ Wärmeeinnahme (kurzwellig).
5. S $= A - e$ Strahlungsbilanz des Halbjahres.
6. S_j Strahlungsbilanz im Jahresmittel.
7. S_p $= \frac{1}{2} \cdot (S - S_j)$ Speicherung.
8. S_a $= S - S_p$ Advektive Abgabe.
9. φ Breitenkreis, über welchen die Wärme Adv' strömt.

10/11. Adv' Atmosphärischer Advektionsstrom (Pfeilrichtung).

Die Werte der ganzen Erde (unterste Zeile) sind aus den Zonenwerten mit dem „Gewicht" der Zonenfläche F gemittelt.

	1	2	3	4	5	6	7	8	9	10	11
			e	A	S	S_j	S_p	S_a		Adv'	
	Zone	F	Kilokalorien pro cm² und Halbjahr						φ	$10^{18} \left[\frac{\text{kcal}}{\text{Hj}}\right]$	$\left[\frac{\text{kcal}}{\text{cm} \cdot \text{sec}}\right]$
Winter	90°/60°	0,07	77	6	−71	−44	−13	−58			
									60°	▲ 18	▲ 570
	60°/40°	0,11	77	31	−46	−17	−14	−32			
									40°	▲ 33	▲ 680
	40°/20°	0,15	82	68	−14	+7	−11	−3			
									20°	▲ 35	▲ 590
	20°/0°	0,17	79	93	+14	+23	−5	+19			
									0°	▲ 21	▲ 330
Sommer	0°/20°	0,17	78	109	+31	+23	+5	+26			
									20°	▲ 2	▲ 30
	20°/40°	0,15	83	112	+29	+7	+11	+18			
									40°	▼ 10	▼ 210
	40°/60°	0,11	80	92	+12	−17	+14	−2			
									60°	▼ 9	▼ 290
	60°/90°	0,07	81	64	−17	−44	+13	−30			
	ganze Erde		80	80	0	0	0	0			

Advektionsstrom: Aus S_a kann man den „advektiven" Wärmestrom Adv berechnen, der über die Zonengrenzen φ (Spalte 9) polwärts fließt. Die advektiv aus einer ganzen Zone im Halbjahr abgegebene Wärme beträgt $4 \cdot r^2 \cdot \pi \cdot F \cdot S_a$, wenn $r = 6{,}37 \cdot 10^8$ cm den Erdradius ($4 \cdot r^2 \cdot \pi$ die gesamte Erdoberfläche) bedeutet. Der über den Breitenkreis φ fließende Wärmestrom Adv enthält die gemeinsame Wärmeabgabe aller Zonen auf der Überschußseite oder die gemeinsame Wärmeaufnahme aller Zonen auf der Defizitseite; man berechnet ihn daher durch Summierung über alle Zonen zwischen dem Breitenkreis φ und einem Pol ($\varphi = \pi/2$):

$$Adv = 4 \cdot r^2 \cdot \pi \cdot \sum_{\pi/2}^{\varphi} F \cdot S_a. \tag{152}$$

Dieser Advektionsstrom Adv wird teils von Luft-, teils von Meeresströmungen getragen. Der Anteil des Meeres ist natürlich kleiner als derjenige der Atmosphäre; nach Angaben von A. Defant [67] fällt (im Mittel) ungefähr der siebente Teil der Wärme-Advektion *Adv* auf Meeresströmungen. Die atmosphärische Advektion *Adv'* beträgt daher ungefähr 6/7 von *Adv*:

$$Adv' = \frac{6}{7} \cdot 4 \cdot r^2 \cdot \pi \cdot \sum_{\pi/2}^{\varphi} F \cdot S_a . \qquad (153)$$

Die zugehörigen Zahlenwerte stehen in der Spalte 10 der Tabelle 9; die Pfeile geben die Richtung des advektiven Wärmestroms an. [51, § 12b].

Spalte 11 enthält denselben Advektionsstrom *Adv'*, bezogen auf den cm des Breitenkreises φ und die Sekunde.

Das Ergebnis der Advektionsrechnung läßt sich folgendermaßen zusammenfassen:

Satz 55: **Die planetarische Wärmeadvektion fließt von etwa 20° Sommerbreite nach beiden Polen und ist im Winter wesentlich stärker als im Sommer.** *(Tabelle 9).*

29. Erdoberfläche und Wasserdampf.

Strahlungsbilanz der Erdoberfläche: Aus Tabelle 5 (S. 116) entnehmen wir die Wärmeeinnahme $Q \cdot A_B$ der Erdoberfläche durch Sonnen- und Himmelsstrahlung. Davon ziehen wir $0{,}02 \cdot Q$ ab, weil etwa 2% von Q in der bodennahen Dunst- und Staubschicht (vgl. S. 114) stecken bleiben. (Der S. 137 eingeführte Zuschlag $0{,}025 \cdot Q$ kommt sicherlich nicht dem Erdboden zu, sondern hohen Schichten). Ferner ziehen wir die „effektive Ausstrahlung“ L_B des Erdbodens ab, um die Strahlungsbilanz S_B zu erhalten:

$$S_B = Q \cdot (A_B - 0{,}02) - L_B . \qquad (154)$$

Die Zahlenwerte L_B (effektive Ausstrahlung) bestimmen wir entweder mit dem Rechenblatt Bild 41 (S. 128) nach dem dort beschriebenen Verfahren (auf Grund mittlerer Temperatur- und Wasserdampfverhältnisse durch Mittelbildung über die vorkommende Wolkenbedeckung), oder nach einer empirischen Formel von Ångström [68] [51, § 9b]. Zahlenmäßig ist die Strahlungsbilanz S_B in Spalte 2 der Tabelle 10 eingetragen im wesentlichen mit folgendem Ergebnis [51, § 13b]:

Satz 56: **Die Erdoberfläche hat überwiegend positive Strahlungsbilanz (Wärmeeinahme) in allen Breiten mit Ausnahme einer polwärts 50° gelegenen Winterzone.**

Die Erdoberfläche ist also eine Wärmequelle für die ihn berührende bodennahe Luft. Um die Ergiebigkeit dieser Wärmequelle zu bestimmen, müssen wir denjenigen Wärmebetrag B von S_B abziehen, welcher in tiefere Schichten des Erdbodens (bzw. Meeres) abwandert. Diese Wärme B enthält einerseits den größten Teil der Speicherung S_p, welche in Spalte 7 der Tabelle 9 (S. 139) angegeben ist. Die Wärmespeicherung in atmosphärischer

Luft ist nämlich wesentlich geringer als diejenige im Meer, so daß der größte Teil von S_p im Erdboden (vor allem im Meer) gespeichert wird. Andererseits enthält B denjenigen (siebenten) Teil der Advektionswärme S_a, welcher mit Meeresströmungen abtransportiert wird. Wir können also B nach folgender Formel berechnen:

$$B = S_p - S_{pL} + \frac{1}{7} \cdot S_a. \quad (155)$$

Dabei bedeutet S_{pL} die geringe Speicherung in atmosphärischer Luft, die sich aus dem Unterschied der „Äquivalenttemperatur" (S. 25) zwischen Herbst und Frühjahr ergibt (polare $S_{pL} = 3$, gemäßigte und subtropische $S_{pL} = 2$, tropische $S_{pL} = 1$ [kcal · cm^{-2} Hj^{-1}]).

Die nach (155) errechneten Zahlenwerte B sind in Spalte 3 der Tabelle 10 eingetragen: ein negativer Zahlenwert B bedeutet, daß die Erdoberfläche Wärmezufuhr aus tieferen Schichten erhält. [51, § 13b].

Die **Wärmeabgabe** W des Erdbodens an die ihn berührende Luft beträgt dann

$$W = S_B - B. \quad (156)$$

Ihre Zahlenwerte stehen in Spalte 4. Man sieht daran, daß die Erdoberfläche für die bodennahe Luft in allen Zonen die Rolle eines Ofens spielt. Dieses gilt allerdings nicht für polarwinterliche Kontinente, welche keine Wärmezufuhr aus dem Erdboden abgeben.

Verdampfungs- und freie Wärmeabgabe: Neben W sind in der Spalte 5 die Zahlenwerte der Verdunstungswärme V eingetragen, welche sich aus Verdunstungs- und Niederschlagsbeobachtungen ergeben haben (nach Messungen und Berechnungen von Lütgens [69], Wüst [70], Meinardus [71], vom Verfasser [51, § 13b] auf Sommer und Winter getrennt). Man sieht, daß der größte Teil von W zur Verdunstung des Wassers verbraucht wird. Der noch verbleibende Rest

$$A = W - V \quad (157)$$

(Spalte 6) dient zur Temperaturerhöhung der den Boden berührenden Luft. Daß dieser Rest positiv ausfällt, bedeutet eine Bestätigung der anderen Haushaltgrößen. Einerseits muß man nämlich positive A-Werte deswegen erwarten, weil der Erdboden eine Wärmequelle (W) ist; andererseits ist auch durch Beobachtungen festgestellt, daß die Erdoberfläche im Mittel etwa 0,5° C wärmer ist als die ihn berührende Luftschicht [72].

Satz 57: Die Wärmequellen (W) des Erdbodens (Strahlung, Speicherung, Meeresadvektion) bewirken vorwiegend Verdunstung des Wassers (V): nur ein kleiner Teil (A) dient direkt der Temperaturerhöhung bodennaher Luftmassen (Tabelle 10).

Zahlentafel 10. Bilanzen der Erdoberfläche und des Wasserdampfs.

2. S_B Strahlungsbilanz der Erdoberfläche.
3. B Wärmeabgabe der Erdoberfläche an tiefere Bodenschichten.
4. W Wärmeabgabe der Erdoberfläche an die ihn berührende Luft.
5. V Verdunstungswärme.
6. Λ Abgabe an Luft durch Wärmeleitung.
7. ΔV $= V - V_{Nd}$ Wasserdampfbilanz (V_{Nd} Niederschlagswärme).
8. φ Zonengrenze.

9/10. Adv'' Wärmestrom durch Wasserdampftransport (in Pfeilrichtung).

11/12. Adv''' Wärmestrom durch Transport wasserdampffreier Luft („Temperaturadvektion" in Pfeilrichtung).

Die Werte der ganzen Erde (unterste Zeile) sind aus den Zonenwerten mit dem „Gewicht" der Zonenfläche F (Spalte 2 der Tabelle 9, S. 139) gemittelt.

	1	2	3	4	5	6	7	8	9	10	11	12
	Zone	S_B	B	W	V	Λ	ΔV	φ	Adv'' 10^{18} kcal/Hj	Adv'' kcal/(cm · sec)	Adv''' 10^{18} kcal/Hj	Adv''' kcal/(cm · sec)
		kcal pro cm² im Halbjahr										
Winter	90/60°	−15	−18	3	3	0	−6					
								60°	▲2	▲70	▲16	▲500
Winter	60/40°	−2	−17	15	13	2	−14					
								40°	▲9	▲190	▲24	▲500
Winter	40/20°	+22	−10	32	29	3	+4					
								20°	▲6	▲90	▲29	▲480
Winter	20/0°	+43	−1	44	43	1	+14					
								0°	▼7	▼120	▲28	▲420
Sommer	0/20°	+54	+8	46	45	1	−10					
								20°	▲2	▲30	0	0
Sommer	20/40°	+55	+12	43	40	3	+14					
								40°	▼8	▼170	▼2	▼40
Sommer	40/60°	+36	+12	24	21	3	−12					
								60°	▼1	▼30	▼8	▼250
Sommer	60/90°	+16	+6	10	6	4	−3					
	ganze Erde	+32	0	32	30	2	0					

Wasserdampfbilanz: Wenn in einer Zone mehr Wasser verdampft, als Niederschlag fällt, so herrscht dort ein trockenes Klima; die Flüsse trocknen aus, und Wüsten entstehen. Wenn dagegen mehr Niederschlag fällt als verdunstet, handelt es sich um feuchtes Klima mit üppigem Pflanzenwuchs und fließenden Strömen. Aus der Niederschlagsmenge (pro Halbjahr und cm²) berechnen wir die zugehörige Verdampfungswärme V_{Nd} und ziehen diese von V ab [51, § 13c]:

$$\Delta V = V - V_{Nd} \tag{158}$$

ist dann die „Wasserdampfbilanz", in Spalte 7 der Tabelle 10 eingetragen. Hier erkennt man die trockenen Zonen am positiven, die feuchten am negativen Vorzeichen [71].

Wasserdampfadvektion: Aus der Wasserdampfbilanz berechnen wir den „latenten" Teil des Advektionsstromes (den Wasserdampftransport) in gleicher Weise, wie wir oben (S. 139) aus der Strahlungsbilanz S die

Gesamtadvektion bestimmten. Wir ziehen deshalb von ΔV die gespeicherte Verdampfungswärme Sp_v ab, welch letztere in der Polarzone verschwindend gering ist und in allen anderen Zonen nur rund 1 [kcal/cm² · Hj] beträgt, und summieren über die Differenz $\Delta V - Sp_v$ vom Pol bis zur Breite φ:

$$Adv'' = 4 \cdot r^2 \cdot \pi \cdot \sum_{\pi/2}^{\varphi} F \cdot (\Delta V - Sp_v)\,. \qquad (159)$$

Adv'' bedeutet, nach dieser Formel berechnet, den „latenten" Teil des Advektionsstroms Adv'. Die Zahlenwerte stehen in Spalte 9 der Tabelle 10; daneben in Spalte 10 dasselbe, bezogen auf den cm des Breitenkreises und auf die Sekunde.

Temperaturadvektion: In den Spalten 11 und 12 findet man die Differenz

$$Adv''' = Adv' - Adv''. \qquad (160)$$

Diese Differenz bedeutet die Advektion der „freien" Wärme, welche durch die *Temperatur* der Advektionsströme gekennzeichnet ist; wir nennen sie kurz „Temperaturadvektion" Adv'''. Ihre Richtung ist dieselbe wie diejenige der Gesamtadvektion, aber bezeichnenderweise ist ihr Betrag auf der Sommerhalbkugel gering. Ebenso charakteristisch ist der Befund, daß Adv'' und Adv''' bei $\varphi = 0^0$ zueinander gegenläufig sind; die Wasserdampfadvektion strebt hier (mit dem Passat) zur tropischen Sommerzone, die Temperaturadvektion aber zum Winterpol. Interessant ist auch das Verhältnis Adv''/Adv''' bei 20° und 40° Breite; im Sommer ist es größer als im Winter, weil bei höherer Temperatur mehr Wasserdampf in der Luft ist als bei tiefer Temperatur.

Kritik: Die Advektionswerte der Tabelle 10 sind nicht sehr sicher, weil die Ausgangswerte ΔV nur dem Vorzeichen nach verbürgt sind. Der Verfasser möchte ihnen aber doch etwas Wahrscheinlichkeit zusprechen, weil die hier erscheinenden Eigentümlichkeiten der Wasserdampfadvektion mit vielen sonstigen Beobachtungen im Einklang sind. Die Tabelle 10 bestätigt sich durch ihr Ergebnis, nicht durch gut gesicherte Rechengrundlagen [51, § 18c].

Ozeane und Kontinente haben selbstverständlich sehr verschiedene Wasserdampfbilanz; insofern gibt unsere planetariche Rechnung nur ein unvollkommenes Bild des wirklichen Wasserhaushalts. Die geographische Anordnung in den Monaten August und Februar stellen die Bilder 43 und 44 dar: Hier sind die Kontinente etwas dunkler hervorgehoben. In den kreuzweis schraffierten Gebieten übersteigt der Niederschlag die Verdunstung um etwa 50 mm (und mehr) während 30 Tagen. Verschwindende Wasserdampfbilanz (Niederschlag gleich Verdunstung) herrscht auf den fett gestrichelten Kurven, überwiegende Verdunstung also auf der anderen Seite dieser Kurven, auf welcher keine kreuzweis schraffierten Gebiete zu sehen sind. Die fetten Pfeile sind Bahnen, auf denen der Wasserdampf von den Verdunstungsgebieten in die Niederschlagsgebiete strömt. Diese Bahnen sind gleichzeitig (ungefähr) *Trajektorien* der mittleren bodennahen Luftströmung (vgl. Bild 46, Kap. XI 32), denn die bodennahe Luft enthält (wegen ihrer höheren Temperatur) weitaus mehr Wasserdampf als

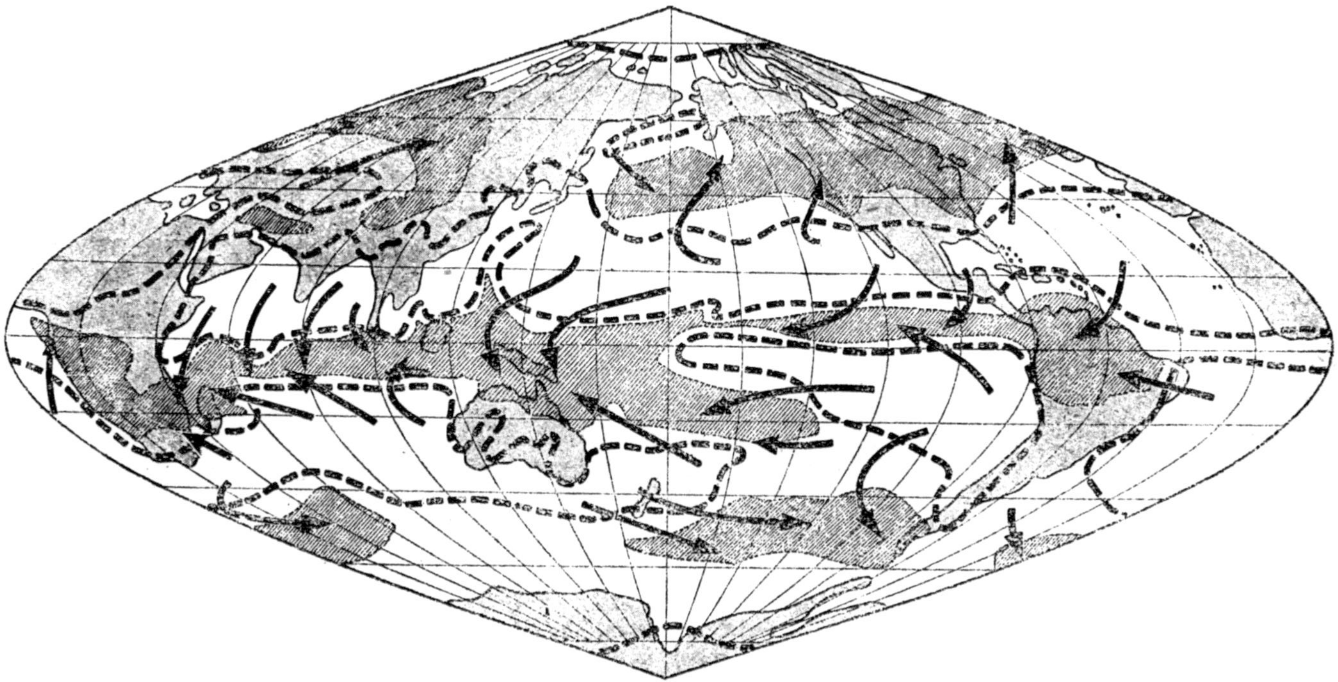

Bild 43. Mittlere Wasserbilanz der Erdoberfläche im Nordwinter bzw. Südsommer (Februar) nach F. Albrecht. Kartenprojektion: Merkator-Janson.

Fett gestrichelt: Verdunstung gleich Niederschlag.
Schraffiert: Gebiet, in welchen die Differenz Niederschlag-Verdunstung 50 mm in 30 Tagen übersteigt.
Fette Pfeile: Ungefähre Wege der bodennahen Wasserdampf-Advektion.
Kontinente grau getönt

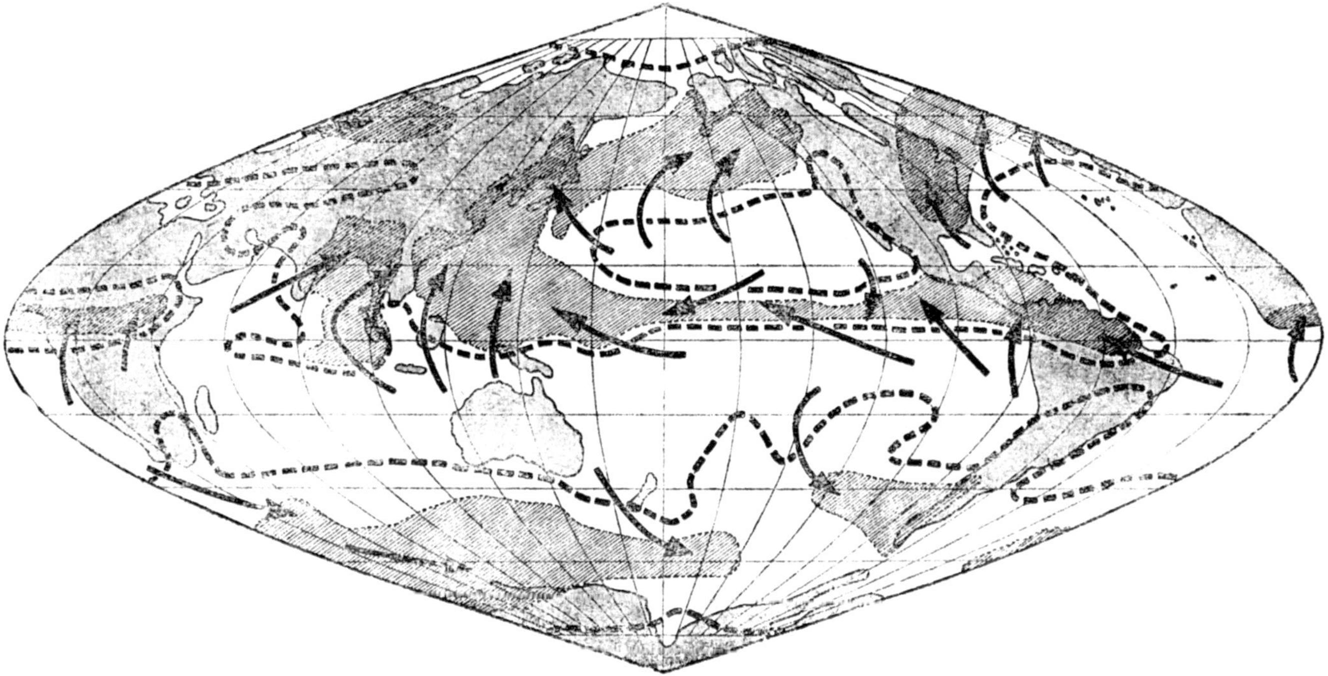

Bild 44 Mittlere Wasserbilanz der Erdoberfläche im Nordsommer bzw. Südwinter (August) nach F. Albrecht. Projektion und Symbole wie in Bild 43.

die höheren Luftschichten. Der Niederschlag fällt natürlich dort aus, wo diese Wasserdampfbahnen zusammenströmen. Hier ergibt sich nämlich eine horizontale *Konvergenz* des mittleren bodennahen Stromfeldes; hier steigt deshalb die Luft auf und scheidet den mitgebrachten Wasserdampf als Niederschlag aus. Diese Wasserdampfbilanzverteilung ist von F. Albrecht [77] zunächst in Jahresmittelwerten berechnet, für die Meere auf Grund des von G. Wüst aufgedeckten Zusammenhangs zwischen Oberflächen-salzgehalt und Wasserdampfbilanz, für die Kontinente auf Grund des Wasserabflusses der großen Ströme. Eine besondere Berechnung der Februar- und Augustwerte für den pazifischen Ozean und die angrenzenden Kontinente hat Herr Albrecht dem Verfasser brieflich übermittelt, so daß hieraus die Bilder 43/44 gezeichnet werden konnten unter der Annahme, daß die Monsunerscheinungen im atlantischen Gebiet weniger bedeutend sind als im pazifischen. Man erkennt in diesen Bildern 1. den planetarischen Einfluß, der sich in drei zonalen Regengürteln äußert, 2. die geographische Tatsache, daß (ceteris paribus) die Kontinente überwiegenden Niederschlag, die Meere überwiegende Verdunstung haben, 3. Gebirgs- und Monsuneinflüsse (Sommer und Winter verschieden). Doch sind diese (während der Drucklegung entworfenen) Karten in vielen Einzelheiten verbesserungsbedürftig.

30. Troposphäre und Stratosphäre.

Wo bleibt die Verdunstungswärme? Die Wärme *V*, welche der Erdboden zur Verdunstung des Wassers hergibt (Tabelle 10, S. 142), ist „latent“, insofern sie auf die Lufttemperatur keinen unmittelbaren Einfluß nimmt. Erst wenn der Wasserdampf kondensiert, wird diese „latente“ Wärme wieder „frei“, d. h. sie dient erst dann zur Erhöhung der Lufttemperatur oder zur Emission oder zur feuchtadiabatischen (statt adiabatischen) Zustandsänderung.

Die *Kondensation* geht in den Wolken (einschließlich Nebel) vor sich, also nur selten am Erdboden, meist in der freien Troposphäre. Wie wir sahen (Satz 52, S. 133), strahlen die Wolkenoberflächen viel Wärme aus in den Weltraum. Die latent aufgestiegene Verdunstungswärme wird durch Kondensation wieder frei und ein Teil von ihr wird in den Weltraum ausgestrahlt.

Ein anderer Teil wird von neuem latent, wenn Wolkenluft wieder herabsinkt und dabei flüssiges Wolkenwasser verdampft. Aber die Verdampfungswärme des ausgefallenen *Niederschlags* (*VNd*) ist für die Troposphäre endgültig frei geworden: Wenn der Niederschlag die Erdoberfläche erreicht, ist der Kreislauf beendigt, welcher mit Verdunstung am Boden begann. Zuverlässige und regelmäßige Niederschlagsmessungen auf Land und See sind daher von großer Bedeutung für die richtige Erkenntnis des Wärmehaushalts.

Aufgleiten: In Tabelle 10 (S. 142) und in den Bildern 43/44 (S. 144/145) sahen wir, daß der Kreislauf des Wassers in der Troposphäre nicht nur einen *aufwärts* gerichteten Wärmefluß (eine „Konvektion“) enthält, sondern auch eine *horizontale* Advektion, deren Stromrichtung in den Pfeilen dieser Bilder und der Spalte 10 erscheint. Beides zusammen ist ein *Aufgleitvorgang;* der Wasserdampf steigt meistens nicht senkrecht auf, sondern bewegt sich außerdem horizontal vom warmen Gebiet zum kälteren. Z. B. die „subtropischen“ Luftmassen, die (aus der Azorengegend kommend) in Mitteleuropa ergiebige Niederschläge bringen, gleiten dabei auf über die aus polaren Breiten stammenden „arktischen“ Luftmassen.

Kreisprozeß: Der Kreislauf des Wasserdampfs ist der charakteristische Konvektionsvorgang der Troposphäre; er fehlt allen höheren Schichten oberhalb der Tropopause. Ob der Wasserdampf aufgleitet oder senkrecht aufsteigt, charakteristisch ist immer die *Wärmezufuhr am Erdboden* (Verdunstungswärme *V*) und *Wärmeausstrahlung aus der Wolkenoberfläche;* die erstere steht unter höherem Luftdruck als die letztere. Nach Satz 35 (S. 71) wird also dabei stets *mechanische Arbeit* gewonnen, nämlich die Arbeit, welche nötig ist, um die troposphärische „Konvektion“ von selbst weiterlaufen zu lassen. In diesem Sinne ist die *Troposphäre eine Wärmekraftmaschine,* während die Stratosphäre keine Energie aus Wärmeübergängen gewinnt.

Die **Stratosphäre** ist (nach Bild 6, S. 17) oben warm und unten kalt. Sie hat zwischen 35 und 50 km Höhe offenbar eine *Wärmequelle*, von R. Penndorf [73] erklärt durch starke Absorption ultravioletter Strahlung im *Ozon*, möglicherweise auch durch Absorption aller Wellenlängen an Staubteilchen [51, § 14b], vielleicht auch durch Umsetzung von Turbulenzenergie in Wärme. Ohne daß wir diese Wärmequelle genauer kennen, wird sie uns angezeigt durch die (aus verschiedenen Beobachtungen [73] geschlossene) hohe Temperatur der „warmen“ Stratosphäre. Dagegen haben wir allen Grund zu der Annahme, daß die *Substratosphäre* (Bild 6, S. 17) ebenso wie jede troposphärische Temperaturinversion eine *Kältequelle* darstellt. Die Stratosphäre hat also im Gegensatz zur Troposphäre ihre Wärmequelle oben, die Kältequelle unten. Daher würden konvektive Kreisprozesse in der Stratosphäre Arbeit *benötigen* (in Wärme verwandeln), nicht Arbeit gewinnen (aus Wärme); eine Konvektion kann in der Stratosphäre nicht von selbst laufen, wie in der Troposphäre.

Stratosphärische Turbulenz: Dieser Befund ist nicht im Widerspruch mit einigen Beobachtungen, die eine starke Turbulenz in der Stratosphäre anzeigen. Vielmehr muß man erwarten, daß die Konvektionsvorgänge der Troposphäre fortwährend Turbulenzimpulse an die Stratosphäre abgeben. Die Energie dieser Turbulenz pflanzt sich mit Kompressionswellen aufwärts fort; die *Amplituden* der Turbulenzbewegung (der Kompressionswellen) *nehmen dabei im gleichen Verhältnis zu,* wie die *Luftdichte abnimmt.* Es ist also möglich (und wahrscheinlich), daß die Stratosphäre Turbulenz besitzt, aber nicht aus eigener Energieentfaltung sondern aus einer *Arbeitsleistung der Troposphäre.* Die Stratosphäre ist also auch in diesem Sinne nur eine passive „Deckschicht“ über der Troposphäre [51. § 14a].

Strahlungsgleichgewicht: Durch die Stratosphäre geht abwärts die (kurzwellige) Sonnenstrahlung und aufwärts die (langwellige) Emission der Troposphäre. Für beide Strahlungen (mit Ausnahme schmaler Wellenlängenbereiche) ist die ganze Stratosphäre eine dünne Schicht, welche nur wenig absorbiert. Daher emittiert sie auch nur wenig. Aber die geringe Emission ist umso größer, je höher die Emissionstemperatur ist.

Früher nahm man allgemein an, daß die „isotherme“ Stratosphäre (Bild 6, S. 17) stets gerade diejenige Temperatur annimmt, bei welcher „Strahlungsgleichgewicht“ herrscht derart, daß die emittierte Wärme ebenso groß ist wie die absorbierte. *Für* diese Annahme spricht die Beobachtungstatsache, daß die Stratosphäre am Sommerpol höhere Temperatur hat als am Äquator (Bild 5, S. 16). Am Sommerpol sind nämlich die hindurchgehenden Strahlungen stärker, mithin die absorbierte Wärme größer; hier muß also im Strahlungsgleichgewicht die Emissionstemperatur höher sein. *Gegen* das Strahlungsgleichgewicht spricht aber die Tatsache, daß die Stratosphäre an der allgemeinen Zirkulation der Atmosphäre beteiligt ist. Wahrscheinlich hat die isotherme Stratosphäre im Mittel längerer Zeiträume (Jahr) Strahlungsgleichgewicht, jedoch nicht im einzelnen Wettervorgang. Für die „Großwetterlage“ dürfte es bedeutungsvoll sein, ob die Stratosphärentemperatur durch positive Strahlungsbilanz zunimmt oder durch negative abnimmt. [51, § 14b].

Mit einer Strahlungsrechnung nach Bild 41 (S. 128) können wir dieses Problem nicht lösen, weil wir den *Absorber* der Stratosphäre nicht kennen [74]. Da nämlich ihr Wasserdampfgehalt sehr gering ist, kommen neben ihm noch andere absorbierende Stoffe in Frage, wie z. B. *Kohlensäure*, *Ozon* und *Staubteilchen*, von denen wir weder ihre stoffliche Menge noch ihre Absorptionseigenschaften hinreichend kennen.

Satz 58: Wahrscheinlich hat die Stratosphäre im Mittel-Strahlungsgleichgewicht, weicht aber im Einzelfall ein wenig davon ab je nach Jahreszeit und Großwetterlage.

Die **Strahlungsbilanz der Troposphäre** ist praktisch gleich der Strahlungsbilanz der ganzen Atmosphäre, weil die Stratosphäre für die Strahlung nur eine dünne Schicht ist und nahezu Strahlungsgleichgewicht besitzt. Wir bestimmen diese Bilanz, indem wir von der Bilanz S der Erde einschließlich Atmosphäre (Spalte 5 der Tabelle 9, S. 139) die Bilanz S_B der Erdoberfläche (Spalte 2 der Tabelle 10, S. 142) abziehen. Näherungsweise ist also die Strahlungsbilanz der Troposphäre

$$S_{Tr} = S - S_B. \qquad (161)$$

Ihre planetarischen Zahlenwerte stehen in der nachfolgenden Tabelle 11 (Spalte 2). Da diese Werte unanschaulich sind, ist in der Spalte 3 die Temperaturänderung ΔT angegeben, welche (pro Tag) in der Troposphäre eintreten würde, wenn diese außer der Strahlungsbilanz S_{Tr} keine Wärmezufuhr (durch Konvektion) erhielte. [51, § 14c].

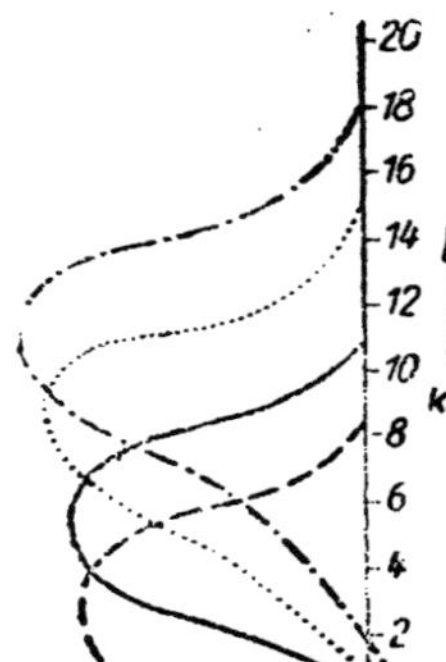

Bild 45. Strahlungsbilanz der Troposphäre.
Abszisse: Mittlere Strahlungsabkühlung (Zonen-Jahres-Mittel) in °C pro 24 Stunden.
Ordinate: Höhe über dem Meeresspiegel
Strichpunktiert: 0° bis 20° Breite
Punktiert: 20° bis 40° Breite
Ausgezogen: 40° bis 60° Breite
Gestrichelt: 60° bis 90° Breite.

Zahlentafel 11. Bilanz der Troposphäre.

2. S_{Tr} Strahlungsbilanz der Troposphäre.
3. ΔT Mittlere Temperaturänderung in 24 Stunden.

	1 Zone	2 S_{Tr} $\left[\frac{\text{kcal}}{\text{cm}^2 \cdot \text{Hj}}\right]$	3 ΔT $\left[\frac{^\circ\text{C}}{\text{Tag}}\right]$
Winter	90/60°	— 56	— 1,9
	60/40°	— 44	— 1,4
	40/20°	— 36	— 1,0
	20/0°	— 29	— 0,7
Sommer	0/20°	— 23	— 0,6
	20/40°	— 26	— 0,7
	40/60°	— 24	— 0,8
	60/90°	— 33	— 1,2
ganze Erde		— 32	— 0,7

Höhenunterschiede der Strahlungsbilanz: Die negative Strahlungsbilanz S_{Tr} verteilt sich nicht gleichmäßig auf alle troposphärischen Schichten. S. 129 und S. 132 haben wir erkannt, daß die stärkste Ausstrahlung von der jeweils obersten Wolkenoberfläche ausgeht. Wenn man mit Hilfe des Strahlungsrechenblattes (Bild 41, S. 128) für jedes Höhenniveau der Troposphäre die dortige langwellige Strahlungsbilanz feststellt und die dortige Wärmeeinnahme durch Sonnenstrahlung ebenfalls in die Rechnung einbezieht, so erhält man für jedes Höhenniveau eine besondere Bilanz S_{Tr} bzw. einen gesonderten Wert ΔT (Abkühlung pro Tag). Am größten ist dieser Wert ΔT im Niveau der obersten Wolkenoberfläche.

Bild 45 stellt den Jahresmittelwert dieser Abkühlung ΔT in Abhängigkeit vom Höhenniveau dar und zwar mit gestrichelter Kurve die mittleren Verhältnisse der Polarzone (60° bis 90°), mit ausgezogener Kurve die gemäßigte (40° bis 60°), mit punktierter die subtropische (20° bis 40°), mit strichpunktierter die tropische Zone (0° bis 20°). Man erkennt in diesen Kurven das Niveau der stärksten Strahlungsabkühlung, welches jeweils mit dem Normalniveau der obersten Wolkenoberfläche übereinstimmt [75].

Satz 59: Die Troposphäre wird durch Strahlung allenthalben abgekühlt (mit Ausnahme der Bodennähe), am stärksten jedoch im Niveau der obersten Wolken- und Dunstoberflächen. (Bild 45).

Schrifttumsverzeichnis.

51. P. Raethjen, Einführung in die Physik der Atmosphäre. Bd. III, Strahlung und Wärmehaushalt (noch nicht erschienen).
52. P. Raethjen, Einführung in die Physik der Atmosphäre. Bd. IV, Zyklonen und Zirkulationen (noch in Arbeit).
53. C. G. Abbot, F. E. Fowle, L. B. Aldrich, Zahlreiche Veröffentlichungen in Annals of the Astrophys. Obs. of the Smithson. Inst. 2 (1908); 3 (1913 ; 4 (1922); 5 (1932), Smithson. Misc. Collect. 45-94. Gerlds. Beitr. 16, 344 (1927).
54. Köppen-Geiger, Handbuch der Klimatologie I A.
55. F. E. Fowle, Astrophys. Journ. 35, 149 (1912); 37 359 (1913). 38, 392 (1913); 40, 435 (1914); 42 394 (1915). Referiert von A. Defant, Met. Zeitschr. 1916, 211.
56. A. Angström, Medd. Stat. Meteor. Hydr. Anst. 4, Nr. 3, 21 Stockholm 1928.
57. H. H. Kimball, Mounthly Weather Review 57 (1929); 58 (1930).
58. J. Keränen und H. Lunelund, Sonnen- und Himmelsstrahlung in Sodankylä während des Polarjahrs 1932/33 (Helsinki).
59. Moore und Abbot, Met. Zeitschr. 1922, 396.
60. G. Perl, Met. Zeitschr. 1922, 396.
61. Köppen-Geiger, Handbuch der Klimatologie I B, 417 (1936).
62. K. Büttner, Met. Zeitschr. 1929, 525.
63. F. Linke und F. Möller, Gutenbergs Handbuch der Geophysik, 8, 719 (nach J. Strong).
64. F. Möller, Gerl. Beitr. 58, 33 (1941).
65. A. Wagner, Klimaänderungen und Klimaschwankungen, Braunschweig 1940, 172.
66. K. Wegener, Gerl. Beitr. 45, 189 (1935).
67. A. Defant, Ann. d. Hydr. 1926, Köppen-Heft, 17.
68. Sten Asklöf, Geogr. Ann. Stockholm 1920, 255.
69. R. Lütgens, Arch. Dt. Seewarte 34, Nr. 1 (1911).
70. G. Wüst, Hann.-Süring, Lehrb. d. Meteor. 1, 327 (1943).
71. W. Meinardus, Met. Zeitschr. 1934, 345.
72. E. Kuhlbrodt und J. Reger, Meteorwerk XIV B (1938).
73. R. Penndorf, Met. Zeitschr. 1941, 1.
74. F. Möller, Naturw. 31, 148 (1943).
75. R. Mügge und F. Möller, Met. Zeitschr. 1932, 95. F. Möller, Met. Zeitschr. 1935, 408.
76. R. Schulze, Ann. d. Meteorologie, 1948, S. 30.
77. F. Albrecht, Zeitschr. f. Meteorologie, 1947, S. 97.

Bezeichnungen.

A absorbierte Sonnenstrahlung
Adv advektiver Wärmestrom
$a \leq 1$ Absorptionsfaktor
B Wärmeabgabe der Erdoberfläche an tiefere Bodenschichten
B (Index) Erdboden
C (Index) nicht in der Luft absorbierte Wellenlängen ($k_C = 0{,}01$ cm²/gr)
°C Grad Celsius
cal Grammkalorie
cm Zentimeter
cos Kosinus
$c_p = 0{,}24$ [cal . gr^{-1} . Grad^{-1}] spezifische Wärme der Luft bei konstantem Druck
D (Index) durch die wolkenfreie Atmosphäre durchgelassene Wellenlängen ($k_D = 0{,}1$ [cm²/gr])
D_N Durchlässigkeit der Wolken für kurzwellige Strahlung
d Differential (individuelle Änderung)
E Schwarzemission
e selektive oder graue (nicht schwarze) Emission
e Emission in den Weltenraum
F Fläche, Zonenfläche
gr Gramm
g (Index) grau
gdm geodynamisches Meter
H Himmelsstrahlung, kurzwellig
H (Index) in der wolkenfreien Atmosphäre halb absorbierte Wellenlängen ($k_H = 1$ [cm²/gr])
Hj Halbjahr
J am Erdboden eintreffende (direkte) Sonnenstrahlung
K (Index) in Kohlensäure restlos absorbierte Wellenlängen ($k_K = 10\,000$ [cm²/gr])
°K Grad Kelvin (absolute Temperatur)
k_λ Wasserdampf-Absorptionskoeffizient
kcal Kilokalorie
L Strahlungsstrom, langwellig
L_B effektive Ausstrahlung des Erdbodens
L (Index) wolkenfreie Luft
m Meter
mb Millibar
min Minute
N beobachtete Wolkenbedeckung in %
N′ dasselbe korrigiert
N (Index) Wolken und Dunst
Q extraterrestische Sonnenbestrahlung
R Albedo, kurzwellig
r Erdradius
S Strahlungsbilanz
Sj dasselbe im Jahresmittel
Sa advektiv abgeführte Wärme
Sp gespeicherte Wärme
So Solarkonstante
S_λ spektrale Strahlungsintensität
s_λ Absorptionsschichtdicke
T Temperatur
Tr (Index) Troposphäre
U (Index) undurchlässiger Wellenlängenbereich ($k_u = 10$ [cm²/gr])
V (Index) durch Luft nicht durchgelassene Wellenlängen ($k_V = 100$ [cm²/gr])

V	Verdunstungswärme (am Boden)
V_{Nd}	Verdampfungswärme des Niederschlags
W	Wärmeabgabe des Erdbodens an die ihn berührende Luft
W	(Index) in Luft restlos absorbierte Wellenlänge ($k_W = 1000$ [cm^2/gr])
w	Wasserdampfmasse in einer vertikalen Luftsäule des Querschnittes 1 cm^2
w'	dasselbe in schräger Luftsäule
Z	zerstreuter Teil der Sonnenstrahlung

Griechische Zeichen

Δ	(„Delta") Differenz, Änderung
ε	$= 23{,}4^0$ („epsilon") Schiefe der Ekliptik
ζ	(„zeta") Zenitwinkel des Sonnenstandes
Λ	(„Lambda") Wärmeabgabe des Erdbodens an Luft durch Wärmeleitung
λ	(„lambda") Wellenlänge
λ	(„lambda") wahre Länge der Sonne
μ	$= 10^{-4}$ cm („mü") Längeneinheit
π	$= 3{,}1421$ („pi") Kreiszahl, bzw. Winkel von 180^0
Σ	(„Sigma") Summe
σ	(„sigma") Konstante der Schwarzemission nach Stefan-Boltzmann
Φ	(„Fi") Absorptionsbande bei $\lambda = 1{,}14\,\mu$
φ	(„fi") geographische Breite

Sonstige Zeichen

$=$	gleich
$\angle$	kleiner als
$\geq$	größer als
∞	unendlich
$\int$	Integral

Das Namen- und Sachverzeichnis für den gesamten „Kurzen Abriß" folgt am Schluß des Teil III.

Bei Fragen zur Produktsicherheit wenden Sie sich bitte an:
If you have any questions regarding product safety,
please contact:

Walter de Gruyter GmbH
Genthiner Straße 13
10785 Berlin
productsafety@degruyterbrill.com